忧伤 不过是
两座花园间的
一堵墙

〔黎巴嫩〕纪伯伦 著

阿草 译

北京理工大学出版社

BEIJING INSTITUTE OF TECHNOLOGY PRESS

图书在版编目（CIP）数据

忧伤不过是两座花园间的一堵墙 / (黎巴嫩) 纪伯伦
著 ; 阿草译. –– 北京 : 北京理工大学出版社, 2022.11
ISBN 978-7-5763-1637-7

Ⅰ.①忧… Ⅱ.①纪… ②阿… Ⅲ.①散文诗—诗集
—黎巴嫩—现代 Ⅳ.①I378.25

中国版本图书馆CIP数据核字（2022）第154169号

出版发行 / 北京理工大学出版社有限责任公司

社　　址 / 北京市海淀区中关村南大街 5 号

邮　　编 / 100081

电　　话 / （010）68914775（总编室）
　　　　　　（010）82562903（教材售后服务热线）
　　　　　　（010）68944723（其他图书服务热线）

网　　址 / http://www.bitpress.com.cn

经　　销 / 全国各地新华书店

印　　刷 / 三河市金元印装有限公司

开　　本 / 880 毫米 × 1230 毫米　　1/32

印　　张 / 6.75　　　　　　　　　　　　　　　　责任编辑 / 李慧智

字　　数 / 149千字　　　　　　　　　　　　　　文案编辑 / 李慧智

版　　次 / 2022 年 11 月第 1 版　2022 年 11 月第 1 次印刷　责任校对 / 刘亚男

定　　价 / 39.00元　　　　　　　　　　　　　　责任印制 / 施胜娟

图书出现印装质量问题，请拨打售后服务热线，本社负责调换

序

时光百年，斯人已逝，唯有那诗句经久流传，被人们铭刻于心。他的文字精美绝伦，他的思想深邃幽远。《先知》《沙与沫》《泪与笑》……一行行诗歌，一篇篇散文，一份份书札，记录了"文坛骄子"纪伯伦对"美与丑""生与死""灵与肉"的思索，揭示出深刻的人生哲理，赋人以遐想与启迪。

1883年，纪伯伦出生于黎巴嫩北部临海圣谷的一个小村庄——贝什里（Becharreh）。然而，他的童年并不快乐，母亲卡米拉（Camilla）和父亲伊萨克·哈利勒（Ishak Khalil）的婚姻并不幸福，可以说他每天都是在父母的争吵声中度过的。为了躲避父母无休止的争吵，纪伯伦选择在大自然中寻求精神慰藉，从黎巴嫩的独特风情中汲取力量，体味神圣之美，他的"先知"意识由此萌芽。

1895年，父亲被害入狱，母亲卡米拉携孩子们移民到美国波士顿。在那里度过了一段艰苦贫寒的岁月后，纪伯伦因出众的绘画才能和文学天赋受到波士顿先锋文学圈的青睐。1898年，在全家支持下，纪伯伦回祖国学习民族语言文化，入布鲁特希克玛学院（即睿智学院）学习。求学期间，他曾在黎巴嫩各地旅行，深入了解阿拉伯文化。1904年5月，纪伯伦在波士顿画廊举行首次个人画展，其中《灵魂皈依上帝》与《痛苦的喷泉》等画吸引了马尔莱布鲁街女子小学校长玛丽·伊莉莎白·哈斯凯尔（Mary Elizabeth Haskell）的目光，两人自此结为挚友。1907年，纪伯伦出版短篇小说集《叛逆的灵魂》（一说出版于1908年）。土耳其政府宣布此书为"禁书"，在贝鲁特中心广场将之当众焚烧，为纪伯伦定下叛逆分子的罪名。1908年，在挚友玛丽的资助下，纪伯伦赴法国巴黎学习绘画艺术。在那里，他接触到世界级文学家和艺术家的优秀作品，为他后期的文学创作提供了源源不断的灵感。1910年返美后，他从波士顿迁居至当时美国的新兴文化中心——纽约，正式开始了在美国的文学创作生涯。

次年冬天，其阿拉伯语小说代表作《折断的翅膀》出版，被誉为"阿拉伯文学新运动的开端"。在这部小说中，作者描写了东方妇女的悲惨命运和她们与命运的较量，谴责贪婪、欺诈和屈服，歌颂尊严、意志和力量。他的小说，常以充满哲学意味的独白、对话和叙述取胜。他用阿拉伯语发表的作品还有短篇小说集《草原新娘》（1905），散文《音乐短章》（1905），散文诗集《泪与笑》（1913）、《暴风雨》（1920），诗集《行列圣歌》（1918），以及《珍闻与趣谈》（1923）、《与灵魂私语》（1927）等。

1921年以后，纪伯伦主要用英语进行文学创作，同时进入文学创作的高峰期。他用英语写的第一部作品是散文集《疯子》（1918），此后陆续发表散文诗集《先驱者》（1920）、《先知》（1923）、《沙与沫》（1926）、《人子耶稣》（1928）、《先知园》（1931）、《流浪者》（1932）等，以及诗剧《大地诸神》《拉撒路和他的情人》等。

1931年，纪伯伦于美国纽约逝世，遗体被运回故乡，葬于贝什里圣徒谢尔基斯修道院内。

他是阿拉伯近代文学史上第一位使用散文诗体进行文学创作的作家，是阿拉伯文学的主要奠基人。他以独树一帜的散文诗，创造了独特的"纪伯伦风格"。他也是一位非凡的画家，集诗才和艺才于一身，以作品诠释了什么叫"诗中有画，画中有诗"，被西方誉为"20世纪的威廉·布莱克"。同时，他也是20世纪阿拉伯新文学道路的开拓者、与泰戈尔齐名的东方文学大师、引领近代东方文学走向世界的先驱之一。

罗斯福总统曾这样赞颂他："他是从东方吹来的第一阵风暴，横扫了西方，但它（他的作品）带给我们海岸的全是鲜花。"纪伯伦将西方崇尚自由与平等的人文精神和东方奥秘深邃的哲学观念结合起来，以天启预言式的语句雕刻出人生的真谛。他的诗歌宛如天籁，他的文字历久弥新，超越了时空与国界的限制，征服了一代又一代的东西方读者，荡涤着无数世人迷惘的灵魂。也正因如此，纪伯伦被誉为"20世纪全世界最杰出的诗人"。

本书收录了纪伯伦最为知名的三部作品。其中，《先知》是纪伯伦步入世界文坛的顶峰之作，也是东方现代"先知文学"的典范之作，曾被译为百余种文字在世界各地出版。在该部作品首次出版时，作者自绘多幅充满浪漫情调和深刻寓意的插图，以智者临别赠言的方式，论述了爱与美、生与死、婚姻与家庭、劳作与安乐、法律与自由、理智与热情、善恶与宗教等一系列人生和社会问题，文字充满哲理，具有浓烈的东方色彩。《沙与沫》是纪伯伦散文诗代表作之一。这是一本关于生命、艺术、爱情、人性的格言书，内容富有哲理充满智慧。诗人纪伯伦以"沙"与"沫"自喻，将目光投向大自然和更加深邃遥远的宇宙，以简短而灵动洒脱、寓意隽永的诗句和丰富的想象力，传达出生命的爱和真谛，给人以灵魂的启迪、精神的洗礼，受到广大读者的喜爱。而《泪与笑》是纪伯伦第一批散文诗的合集，也是他写得最美的散文诗集之一。《泪与笑》从开篇起就展现了纪伯伦最关心的文学主题：爱与美、大自然、生命哲学，人道主义、社会批判、诗人的使命等。这部作品预示了纪伯伦一生的创作方向，也集中反映出纪伯伦的艺术风格发展趋势。

一名之立，旬月踟蹰。同时，经典的再版，也离不开众人的努力。在此，我们谨对本书出版做出贡献的编辑老师和同行表示由衷感谢。他们不仅在我灵感枯竭之际为我提供启迪，也对本书的翻译和审校工作提出诸多宝贵建议，使本书得以完整呈现于大众面前。此外，由于译者经验尚浅、水平有限，书中必定存在许多不足之处，还请读者不吝赐教！

目　录

◆ 目
录

目录

先　知

船 来 了

艾勒·穆斯塔法①——受人敬仰的天选之子，二十世纪伟大的先知，已在奥法利斯城②等待了十二载，只为随归乡的船只返回自己的出生之岛。

至第十二个年头③，正值丰收时节，以禄月④的第七日，他登上城外的山冈，远眺大海，看见他的船从雾霭中徐徐驶来。

他的心门瞬间敞开，喜悦之情一泻千里，驰骋在海面上。此时，他紧闭双目，心平气静地默默祈祷。

而当他下山时，一种强烈的悲哀感却悄然而至。他心想：

我怎能不带一点痛苦，就这样安详地离去呢？不，在离开这座城市之时，我已愁绪满怀，难以排解。

---

① 作者笔下虚构的人物。穆斯塔法是一个宗教名字，意为"神选者"，也是先知穆罕默德的别名之一。
② 地名，作者遐想的一个岛屿。
③ 1912年，作者纪伯伦来到纽约。此处的"第十二个年头"可理解为作者在美国纽约侨居伊始至此文发表时的年限。
④ 犹太教历的6月，犹太国历的12月，为收获月，有29天，大致对应公历8月至9月。这是葡萄、玉米和石榴成熟的季节。

在这面冰冷的城墙内，我曾独自痛苦地度过无数个日日夜夜。试问：谁能从自身的痛苦和孤独中轻松脱离，而又毫无遗憾呢？

在那纵横交错的街道上，我曾散落下数不尽的灵魂碎片；在那风景宜人的山丘上，一群群希望之子正赤身裸体地行走。一想到即将失去这些美好的事物，我的内心充满了压力和恐惧。

今日，我所体会到的，并非不值一提的皮毛之痒，而是自己亲手缔造的切肤之痛。

我所留下的，亦非转瞬即逝的片刻之念，而是一颗因饥渴而甘甜的赤诚之心。

然而，我不能再耽搁了。

大海召唤着一切。它远远呼唤着我的名字，我必须上船了。

尽管时间之火在黑夜里熊熊燃烧，片刻的停留也会将一切冰封于一方模具中。

我想把这里的一切欣然带走，但我该怎么做呢？

声音无法带走赋予它翅膀的唇舌，它只能独自飞赴苍穹。

苍鹰也只有舍弃窠巢，才能独自飞越太阳。

这时，他伫立在山脚下，再度转身面向大海，看见他的船正驶向港口。船头上的水手，来自他遥远的故乡。

他的灵魂向他们呐喊：

我那远古母神①的子孙们，弄潮的健儿，

多少次，你们在我的梦中航行。如今，你们在我苏醒时来临，成为我更深的梦想。

我准备启航了。我殷切地扬好风帆，待风而发。

此刻，我只想再呼吸一口这静谧的空气，向身后的一切投掷深情的一瞥。

之后，我便加入你们的行列，成为水手的一员。

还有你，浩瀚的大海，不眠的母亲，

只有在你温暖的怀抱中，江河与溪流才能找到安宁与自由。

现在，这条小溪只消再蜿蜒一次，在林间的空地做一声低语，便会投身于你，连同那自由的水滴汇入无边的大海。

行走之间，他看见远处的男女纷纷离开农场和葡萄园，匆匆向城门赶来。

他听见他们呼唤着他的名字，在田野间高声呼号，告诉他他的船来了。

他自言自语：

难道离别之时竟是相聚之日？

莫非夕阳西下真乃旭日东升？

---

① 此处应指纪伯伦的故乡。

我该拿什么招待那些以耕地犁田、酿制醇酒为生的男男女女呢？

我的心可否化为一棵果实累累的嘉树，以便采撷待客呢？

我的愿望可否如清泉般涌流，斟满他们的酒杯？

我可否化作乐师手中抚弄的竖琴①，或其口中吹奏的长笛？

我是一个沉默的探道人。在沉默中，我找到了什么宝藏，可以慷慨地施与众人？

如果今日是我丰收的日子，我又在何时何地撒下过种子呢？

如果今夜轮至我提起灯盏，那里面燃烧的定不是我点燃的火焰。

我的灯盏定然空空如也，我的周围必将漆黑一片。

守夜人会为我的灯盏注入灯油，并将之重新点燃。

穆斯塔法——伟大的先知，他将这些诉诸言语，却还有好多心事未曾出口，只因他也不知如何表达出自己内心更深处的秘密。

他进城时，众人竞相迎接，齐声向他呼喊。

城里的长老走上前，说道：

请不要抛下我们。

我们的垂暮之年，为你正午的艳阳所照亮。你用青春赋予我们孜孜以求的梦想。

---

① 一种大型拨弦乐器，是现代管弦乐团的重要乐器之一，也是世界上最古老的拨弦乐器之一，起源于古波斯（伊朗）。

在这里，你既非生人，也非异客，而是我们的至爱之子。

不要让我们的眼睛，苦苦殷盼你可亲的容颜。

男女祭司对他说：

请不要让海水把我们分离，不要让我们共同度过的岁月沦为回忆。

你是行走在我们之中的圣灵，你的身影曾如光辉一般，照亮我们懵懂的脸庞。

我们对你的爱，深入骨髓。虽然我们的爱默默无言，埋藏在层层面纱之下。

但现在，它正向你大声呼喊，欲要显露于你的面前。

临别之际，方知爱有多深，千古如此。

众人纷纷上前恳求。他低头不语，一旁近处的人瞧见他泪如雨下，滴落在胸前。

人群继而随他向神殿前的广场涌去。

一位名叫艾尔梅特拉①的女预言家从神殿中走出。

他极尽温柔地望着她。他在城里的第一天，正是她首先寻求他的指引，并成为他的信徒。

---

① 琐罗亚斯德教阿胡拉三位一体神之一，司真言与正义，兼司友谊与爱，意为"天使的名字"。

她向他致敬，说道：

上帝的先知啊，极致的探索者，你遍寻你的船已许久。

现在，你的船来了，你必须走了。

你对你记忆中的故土与你更为渴望的栖息之地如此眷恋。我们的爱不应将你束缚，我们的恳求也无法使你停留。

然而，在这离别之时，请和我们讲讲你心中的真理吧！

我们会将它传给我们的子孙，我们的子孙再将它传给他们的子孙，如此代代相传，永不断绝。

你在孤独之时，守护着我们的生活；你在清醒之刻，倾听着我们睡梦中的欢笑与哭声。

既如此，祈求你教我们认清自我，将你所知的生与死之间的一切传授与我们。

他回答说：

奥法利斯城的人们，除了那些此刻在你们灵魂里激荡的东西，我还能说些什么呢？

爱

于是艾尔梅特拉说，请和我们谈谈爱吧！

他抬头看着众人，他们一时静默了。他用洪亮的声音说道：

当爱召唤你时，追随他，

哪怕这一路上充满艰难险阻。

当爱的翅膀拥抱你时，顺从他，

哪怕他羽翼中的利剑会使你伤痕累累。

当爱同你讲话时，信任他，

哪怕他嘶哑的声音会惊醒你的美梦，一如北风摧毁花园。

爱虽为你加冕，也能将你钉在十字架上。爱虽助你蓬勃生长，也能将你砍削剪伐。

爱能攀到高处抚慰你在阳光下颤动的嫩枝，

也能俯身低处，撼动你的根基，哪怕他紧抓泥土。

爱将你捆束，如同一根麦捆，

他将你舂打，使你皮肉分离。

他将你筛分，筛去你的麸皮。

他将你碾磨，使你洁白如雪。

他将你揉捏，至你柔软服帖；

之后，他便将你交付与他的圣火，使你成为上帝圣宴上的圣饼。

爱对你们做这一切，只为使你们参悟自己内心的秘密。唯有如此，你们才能成为生命之心的一部分。

倘若你对这一切充满畏惧，一心只求在爱中寻找安逸与快乐，倒不如掩盖住自己赤裸的身躯，逃离爱的打谷场；

去往一个没有四季更迭的世界。在那里，你虽欢笑，却笑不出畅快淋漓；你虽哭泣，却流不干满腔热泪。

爱，除了自身，别无给予，也别无索取。

爱不占有，也从不被他人占有；

因为爱之于爱，已是足够。

当你爱时，你不应说"上帝在我心间"，而应讲"我在上帝心间"。

切莫以为你能指引爱的方向。爱如若认为你值得，便会指引你的行程。

除了成全自己，爱别无所求。

但如果你爱了，又有所渴求，就让以下这些成为你的渴求吧：

融化自我，像一条奔流的小溪，向夜晚吟唱它优雅的旋律。

领略温情过甚的痛苦。

为自己对爱的领悟所伤害，

并为此欣然洒下热血。

破晓之时，带着一颗轻快的心醒来，感谢爱意浓浓的新一天到访；

正午小憩，冥想爱的极致欢愉；

黄昏时分，怀着感恩之情归家；

入睡前夕，为心中所爱之人祈祷，唇边轻唱一首悠扬的赞歌。

婚　姻

艾尔梅特拉又问：师父，那什么是婚姻呢？

他回答说：

你们生在一处，也将永远厮守。

即便死神的白翼使你们天人永隔，你们也将相伴。

啊，哪怕在上帝无声的回忆中，你们也会归一。

但在你们归一之时，请为彼此留些空间，

好让天堂之风在你们中间翩跹起舞。

你们应彼此相爱，但切莫以爱之名互相束缚：

你们应让爱成为奔流于你们灵魂沙滩上的海水。

你们应为彼此斟满酒杯，但不可同杯共饮。

你们应彼此分享面包，但莫要共食一块面包。

一起欢歌劲舞，但让彼此独处，

正如鲁特琴弦根根分明，尽管它们会随着同一首旋律颤动。

付出真心，但不要交与对方保存。

只有生命之手才能容纳你的真心。

并肩站在一起，但不要靠得太近：

正如神殿的支柱分开而立，

橡树和松柏也无法在彼此的树荫中生长。

孩　子

一个抱着婴儿的女人说，请和我们谈谈孩子吧。

他说：

你们的孩子并非你们的孩子。

他们是生命自身渴望的儿女。

他们由你而来，却非因你而生。

他们与你同在，却非归你所有。

你可以给予他们爱，但无法给予他们思想，

他们有自己的主张。

你可以庇护他们的身体，但无法庇护他们的灵魂，

他们的灵魂栖息在明日的屋宇，那是你做梦也无法造访的地方。

你可以努力效仿他们，但莫要试图将他们变得同你一样。

因为生活从不倒退，也无法在昨日停留。

你是弓，你的孩子是从弓中射出的生命之箭。

弓箭手瞄准了那无尽之旅的目标，奋力将你拉满，使祂的箭射得

又快又远。

愿你在弓箭手的手中欣然弯曲；

只因祂爱那飞驰的箭，也爱那稳固的弓。

施　与

接着，一位富人说，请和我们谈谈施与吧。

他回答说：

施舍财产，所施不值一提。

施舍自身，方为真正布施。

财产不过是用来备以明日之需的物什。

当忧虑过度的狗儿追随朝圣者前往圣城，骨头被埋葬在沿途无痕的沙滩上，明日还会为它带去什么呢？

明日之忧，又何尝不是忧虑本身？

井满之时的干渴之忧，岂不正是无可救药的干渴？

有些人腰缠万贯，却只将其中一小部分赠给他人——他们所行皆为沽名钓誉，那潜藏的恶念使他们的礼物蒙尘。

有些人身无分文，却慷慨地付出所有。

他们笃信生命和生命的馈赠，他们的金库因而永不空虚。

有些人欢乐地布施，欢乐就是他们的报酬。

有些人痛苦地布施，痛苦便会将他们洗礼。

有些人布施，既未体会到痛苦，也不为寻求欢乐，更不为刻意修养美德；

他们的布施，如同远处幽谷中盛放的桃金娘①，花香四溢。

正是借助他们的双手，上帝传达自己的旨意；就在他们看不见的身后，祂正满面笑容地俯看人世。

被动施与，固然是好；主动施与，更加弥足珍贵。

对于慷慨的人而言，寻找一个人来接受馈赠，是比施与更大的乐趣。

你还有什么必须要保留的呢？

你拥有的一切，终有一日会被施与他人；

所以现在，尽情地施与吧，把布施的机会送给自己，而非后人。

你常说："我乐意施与，但只施与那些值得的人。"

你果园里的树木、牧场上的牛羊却不同于你。

他们为了生存而施与，吝惜则意味着死亡。

凡是存在于人世间的一切生灵，都值得你不惜一切来布施。

凡是有资格从生命之海中汲水的人，都值得你在自己的小溪中为他斟满杯子。

难道世间还有比接受的勇气、信心和善意更大的美德吗？

---

① 一种桃金娘科、桃金娘属灌木，株高1米左右，四季常绿，花朵呈紫红色，果实可食用。

而你又该如何使人们敞开胸襟、放下自尊，来让你评判他们赤裸的价值，审视他们无愧的尊严呢？

首先，你应成为一位合格的施主，一个布施的工具。

事实上，只有生命才能对生命进行布施。你自认为自己是施主，其实不过只是一位见证人。

你们这些受施者——你们所有人①也都是受施者，请不要背负起报恩的重担，不要让你们与真正的施主纷纷套上枷锁。

不如同施主及其馈赠一起展翅飞翔；

过于顾念你们的恩债，便是质疑那以乐善好施的大地为母、以博爱的上帝为父的施主的慷慨。

① 指布施的见证人及其受施者。

饮 食

一位开旅馆的老人说，请和我们讲讲饮食吧。

于是他说：

但愿你们徜徉在大地的芬芳中，像空气中的植物一样，靠阳光维持生命。

你们既要杀生而食，同新生的动物抢夺母乳，就让此举成为一种敬拜仪式吧。

将你们的食物放在祭坛上，用大自然的纯洁之物来祭献人类身上更无瑕的存在吧。

当你们杀生时，对刀下的猎物默念：

"有朝一日，我也会被同样的方式屠戮并被吞食。

自然的法则把你交到我手中，我也同样会被交到更强者的手中。

你我之血都不过是浇灌天树的汁液。"

当你咀嚼一颗苹果时，在心里对它说：

"你的种子将活在我的身体里，

明日，你将在我心间含苞绽放，

你的芬芳将成为我的气息，

你我将一起欢度四季。"

秋日，当你们在葡萄园中采摘酿酒用的葡萄时，心里对它说：

"我也是一个葡萄园，某天，我的果实也将被采摘以酿酒，

如同新鲜的佳酿，我也将会被存封于永恒的器皿之中。"

冬天，在斟酒之时，你们须在心中为每一杯酒献歌，

纪念那些逝去的秋日、葡萄园和美酒。

工 作

然后，一位农夫说，和我们谈谈工作吧。

他说：

工作是为求与大地和大地的灵魂保持同步。

懒散而不知天日，便会落后于生活这支始终挺胸前行的队伍。

工作之时，你是一支笛子，时间的耳语穿过它的心汇成一首曲子。

当所有人齐声歌唱，谁会愿意做一节缄默无声的竹子呢？

人们总说，工作是诅咒，劳动是厄运。

但我要告诉你们，只有在工作的时候，你们才会实现世间最遥远的一段梦想，那是梦想在诞生之处便委托与你们的。

劳作不息，便对生命热爱不止；

在劳动中热爱生活，便可透彻生命最深处的奥秘。

但若你们在烦恼中抱怨出生是种不幸，供养肉身是写在额间的诅咒，那我更要回应你们：除了额头上的汗水，什么都不能改变你们既定的命运。

有人说，生命是黑暗的；在疲惫中，你们重复着这些疲惫的人所说的话。

我要说的是，不与希望相随，一切生命都是暗淡的；

不与知识结合，一切的希望都是盲目的；

不与工作相伴，一切的知识都是无用的；

不与仁爱相配，一切的工作都是空虚的；

当你们带着爱工作时，你们就将你们与自身、与他人、与上帝连在一起。

如何带着爱一起工作呢？

在你的心间抽丝织布，仿若你的挚爱要以之为衣裳；

用仁爱之心建造房屋，仿若你的挚爱要以之为居舍；

温柔地撒种，欢快地收获，仿若你的挚爱要以之为珍馐；

用你们灵魂的气息来掌管你们心所向往的一切，

相信所有仙去的先人都会站在你们的身旁观望。

我常常听到你们呓语似的讲：

"在石头上雕琢自己灵魂形状的工人，比耕地的农人更高贵。

那些捕捉七彩、织染布匹的匠人，也比做鞋的鞋匠更高明。"

但我清醒地告诉你们，风对巨大的橡树唱的歌，与对纤细的草叶说的话同样甜美；

　　只有那些将风声编成一首歌谣，用生活为之开枝散叶的人才是伟大的。

　　工作是名副其实的爱。

　　如果你们工作时并非爱意浓浓，而是满怀愁绪，那不如停止工作，坐在神殿门前，等待那些带着快乐工作的人为你们布施；

　　如果你们烤制面包时漫不经心，你们烤制的面包便会食之无味，无法供人充饥。

　　如果你们酿制美酒时心怀怨恨，你们的怨恨便会令这美酒化作毒液；

　　如果你们的歌声如天使般悦耳，你们却不喜歌唱，你们的歌声便会妨碍人们聆听白天和黑夜的旋律。

悲　喜

一位妇人说，请向我们谈谈快乐和悲伤吧。

他回答说：

你们的快乐就是你们不加掩饰的悲伤。

你们欢笑时的那双眼睛，常如泉井般盈满泪水。

否则怎会如此？

你们身上铭刻的悲伤越深，所容纳的快乐就越多。

那精致的酒杯，不正出自陶工的窑炉吗？

那抚慰心灵的鲁特琴，不正是被刀挖空的木头吗？

当你们快乐之时，审视自己的内心深处，你们会发现，只有那些曾带给你们悲伤的东西，才会带给你们快乐。

当你们悲伤之时，再次审视自己的内心，你们会发现自己实际上在为自己的快乐哭泣。

有些人说，"快乐胜于悲伤"；也有些人说，"悲伤胜于快乐"。

但我告诉你们，这两者难舍难分。

　　它们并蒂同生，当一位正与你同席而坐时，另一位便正与你共枕而眠。

　　其实，你们就像秤杆一样在悲伤和快乐之间垂悬。

　　只有当清空一切，你们才会处于稳定和平衡状态。

　　当守财奴用你们来称量他的金银细软，你们的快乐或悲伤难免起伏不定。

房　舍

一名泥瓦匠上前说，请谈谈房舍吧。

他回应道：

在城里建造房屋之前，先用想象力在荒野中搭建一座凉亭吧。

当你们的肉身在日暮之时有家可归，你们漂泊在远方的孤魂也该有个归宿。

你们的房舍是你们放大的躯壳。

它在阳光下生长，在静夜中安眠；它也会做梦。难道不是吗？在梦中，它离开城市，去往林间和山巅。

但愿我能将你们的房舍尽收于手中，像种子一样将它们撒在森林和草地上。

愿山谷成为你们的街道，愿绿径化作你们的小巷，使你们在葡萄园中彼此寻访，归来时衣衫沾满泥土的芳香。

但这些事情并未发生。

你们的祖先出于恐惧，将你们过近地聚集在一起。这种恐惧还会持续时日，这座城墙还会将你们的壁炉和田地隔开许久。

告诉我，奥法利斯城的人们，你们的房子里拥有什么？那紧闭的房门又为守护何物？

你们拥有和平吗？那种在平静之中揭露你们强大力量的和平？

你们拥有回忆吗？那种跨越你们心巅、如闪耀拱门般的回忆？

你们拥有美吗？那种指引你们的心灵从木石之地出发去朝拜圣山的美？

告诉我，你们的房子里有这些吗？

或者你们只拥有安逸和对安逸的渴望，那些悄悄溜进你们的房子，最后反客为主、控制一切的东西？

啊，它变成了驯兽师，用铁钩和鞭子使你们伟大的愿望沦为傀儡。

它虽手滑如丝，却也心硬如铁。

它哄你们入睡，只为站在床边嘲笑你们肉体的尊严。

它戏弄你们健全的感官，将它们如易碎的器皿般放在柔软的蓟花①上。

诚然，安逸的渴望扼杀了你们灵魂的激情，又狞笑着为其送葬。

而你们，宇宙的儿女，你们居安思危，才不会被诱困或驯服。

你们的房子不应是船锚，而应是桅杆；

它不应是遮掩伤口的闪光薄膜，而应是保护眼睛的眼睑。

---

① 苏格兰国花，一种多年生直立草本植物，有大蓟和小蓟之分，茎叶上长有尖刺和白色软毛，花朵在初夏时盛开，呈紫红色。

你们不应因穿门过户而收敛起双翼；

你们不可因会撞击房顶而倾首低头；

你们不该因怕墙壁坍塌而屏声息气。

你们不应住在死者为活人搭建的坟墓里。

尽管你们的房屋富丽堂皇，它们却不应泄露你们的秘密，亦不应遮蔽你们的向往。

因为你们无边的胸怀，以天空为宅，以晨雾为门，以夜的歌声和宁静为窗。

服　饰

一位织工说，和我们讲讲服饰吧。

他回答说：

你们的服饰隐藏了你们太多的美好，却无法掩饰你们一丝的丑陋。

你们通过服饰寻求隐秘的自由，得到的却可能是束缚和羁绊。

愿你们的肌肤多多沐浴微风和阳光，而非你们的衣裳。

只因生命的气息蕴藏在阳光里，生命的把握就在风里。

有人说："北风织就了我们身上的衣裳。"

我说，北风的确织就了我们身上的衣裳，

但它以羞怯为织机，以柔弱的筋骨作丝线。

当工作完成后，它便跑进森林里大笑。

别忘了，腼腆只是抵挡龌龊目光的盾牌。

当那些龌龊的目光不在，除了思想的羁绊和污秽，腼腆还算作什么呢？

别忘了，大地渴望触摸你们赤裸的双足，微风热衷于抚弄你们轻柔的发丝。

买　卖

一名商人说，请和我们讲讲买卖。

他回答说：

大地为你们奉献出果实。倘若你们只知不停索取，便不应当拥有。

在同大地的恩赐互相交换时，你们才会获得富裕和满足。

然而，若非你们本着爱和正义来交换，必将导致饕餮横行，饿殍遍野。

在市集上，当在大海、田野和葡萄园里劳碌的工人与织工、陶匠和香料商相逢时，一道祈求大地的主神到你们中间，来圣化你们借以衡量价值的秤和账目。

莫要与那两手空空的人做交易，他们会用花言巧语来骗取你们的劳动果实。

你们应对这样的人说：

"随我们到田间劳作，或者跟我们的弟兄到海边撒网吧；

大地和海洋，对你我同样慷慨。"

当歌手、舞者和笛师到来——买下他们的礼物吧。

他们亦采集果实和乳香。他们带来的东西，虽然由梦构成，却是你们灵魂的衣食。

在离开市集之前，看看是否有人空手而归。

直到你们每个人的需求得到满足之后，大地的主神才会安眠于风中。

罪 与 罚

城中的一位法官站出来说，请和我们讲讲罪与罚吧。

他回答说：

当你的灵魂随风飘荡，

你孤身一人，轻率地对别人和自己犯下错误。

为此，你必须叩击那幸福之门，静静等待并饱受冷落。

你们的神性犹如大海；

永远不会受到亵渎。

它像苍穹，只助有翼者高飞。

尽管你们的神性犹如太阳；

却无法得知鼹鼠的路在何方，亦难知毒蛇的洞在何处。

但你们身体中并不单单只有神性，

同时还有许多人性乃至兽性未消，

还有那无形的侏儒。他在迷雾中沉睡，追寻自我的觉醒。

现在，我要谈谈你们身上的人性。

因为知道罪与罚的，并非你们的神性，亦非那迷雾中的侏儒，而正是人性。

我常听见你们说，有一个人犯了罪，好像他不是你们中间的人，而是闯入你们世界里的外人。

但我要说，即使圣人和神人，也无法超越你们人性的最高处；

同样，即便恶人和弱者，也无法突破你们人性的最低处。

正如一片孤叶，没有整株树的默许，便不会泛黄；

所以，如果没有你们的默许，犯错的人便不会犯错。

你们就像一支队伍，共赴你们的神性。

你们是路，也是路上的行人。

当你们的中间有一个人跌倒，便会提示后面的人避开前方的绊脚石。

啊，他也为前面的人跌倒，因为他们虽然健步如飞，却未曾挪开脚下的绊脚石。

下面这些话可能会令你们心情沉重，却不得不提：

被杀者对自己的被杀难辞其咎；

被劫者对自己的被劫难逃其责。

正义者并非与恶行之间毫无干系；

无辜者也无法将罪行与自己撇清。

是啊，罪犯往往是受害者的替罪羊。

被定罪的人也往往要为无罪者和无辜者受刑。

你们无法将正与邪分开，也无法使善与恶隔离；

因为他们同时出现在阳光下，如同黑线与白线缠绕交织。

当黑线断裂，织工便须重新查验布匹和织机。

你们当中若有人审判不忠的妻子，

也请用天平秤量她丈夫的心，用尺子去丈量她丈夫的灵魂；

若有人要鞭打罪犯，也请先审视受害者的内心；

若有人以正义之名砍伐邪恶之树，也请先观察它的树根；

他往往会发现，在沉默的大地之心中，邪恶与善良之根、无果与有果之根缠绕交错。

你们这些主持正义的法官们，

会怎样审判那些表面无辜却内藏祸心之人？

会如何惩罚那些杀人肉体而灵魂被杀之人？

如何控诉那些欺压他人又被他人凌辱之人？

你们又如何惩治那些忏悔远超于恶行的人？

忏悔不正是你们欣然效法的法律所主张的正义吗？

然而，你们不能将忏悔加诸无辜者的身上，也不能将忏悔从犯罪者心间剥离。

它们不请自来，在午夜发出召唤，使人们警醒并审视自我。

若非明察秋毫，你们又如何诠释正义？

唯当阳光普照，你们才会明了，那站立和倒下的，不过是站在侏儒之夜和神性之昼的黄昏中的同一个人；

神殿的角石也并不比地基上最低处的石头更加高贵。

法　律

之后，一位律师说：师父，那什么是法律呢？

他回答说：

你们乐于制定法律，

但更乐于破坏法律，

就像孩子们在海边玩耍。他们孜孜不倦地用沙子搭建高塔，又在笑声中将之摧毁。

但当你们搭建沙塔时，海水会把更多的沙子拍到岸边，

当你们摧毁亲手搭建的沙塔，海水会和你们一同嬉笑。

的确，大海乐于和天真的人一起嬉笑。

但那些不以生命为海洋，不以人制的法律为沙塔的人，又当如何呢？

那些以生命为磐石，以法律为凿子来雕刻自己的模样的人，又当如何呢？

那些厌憎舞者的跛子，又当如何呢？

那些热衷于羁轭，将林间的麋鹿视为流浪者的公牛，又当如

何呢？

那些无法蜕皮，却声称自己的同类赤裸无耻的老蛇，又当如何呢？

那些早赴婚宴、酒足饭饱之后倦然归去，却指责所有宴席都在犯法、所有宴客都是罪犯的人，又当如何呢？

对于这等人，除了说他们站在阳光下却背对太阳外，我还能说他们些什么呢？

他们只能看到自己的影子，他们的影子就是他们的法律。

对于他们来说，除了投射阴影，太阳还有其他的用处吗？

对于他们而言，认同法律，不就是弯腰追寻自己在大地上的影子吗？

但你们这些迎着太阳行走的人，大地上的何种映像能掌控你们的步伐？

你们这些御风而行的人，何种风向标能指引你们的航向？

倘若你们在无人的监狱门前挣脱身上的枷锁，何人制定的法律能将你们约束？

倘若你们翩翩起舞而不碰撞任何人的铁链，又有何种法律能使你们畏惧？

倘若你们撕下身上的衣服，却不丢弃在任何人的路上，又有何人能将你们带去进行审判？

奥法利斯城的人们，虽然你们能压制鼓声，纵使你们能松却琴弦，但谁能命令云雀停止唱歌？

自　由

一位演说家说，和我们讲讲自由吧。

他回答说：

在城门边，在火炉旁，我曾看见你们俯伏在地，对自己的自由顶礼膜拜，

一个个如同奴隶在暴君面前卑躬屈膝，即便被其杀戮也要为之歌功颂德。

唉，在神殿的树林间，在城堡的暗影里，我看见你们当中最自由的人将自由像枷锁和手铐般戴在身上。

我的心在滴血；因为只有当寻求自由的愿望已成为你们的羁绊，只有当你们不再将自由视作目标和成就时，你们才会获得真正的自由。

当你们的白昼并非无忧无虑，当你们的黑夜并非没有希望和悲伤，你们才会获得真正的自由。

或者说，当这些东西束缚着你们的生命，你们却可赤身裸体、毫不拘束地从它们当中一跃而起，你们才会获得真正的自由。

若不挣脱你们在人生的破晓之时便已加于正午高光时刻的锁链，你们怎能超脱于昼夜？

事实上，你们称为自由的东西，正是这锁链中最坚固的片段，尽管那锁环在阳光下熠熠生辉，光彩夺目。

为了所谓的自由，你们所要抛离的东西，不正是自己身上的一部分吗？

若你们要废除一条不公正的法律，你们也会发现，那法律也曾被你们自己亲手写在自己的额头上。

你们可以烧毁你们的法典，也可以倾尽四海之水来洗去法官们的思想，却唯独不能改变这既定的事实。

你们若要废黜一位暴君，首先便须摧毁他在你们心中树立的君威。

自由而自尊的人，若非在其自由中包藏专制，在其尊严中蕴含耻辱，又如何会被暴君统辖？

倘若想摆脱忧虑，这种忧虑也只源于你们自己的选择，而非他人的强迫；

倘若你们要驱散恐惧，这种恐惧正安坐于你们的心间，而非在你们所惧之人的手掌之上。

事实上，在你们生命中运动的一切，渴望与恐惧、厌恶与珍惜、追求与逃避，无一不在相互拥抱着彼此。

它们在你们体内流动，就像成对相互依附的光影。

当影子消失殆尽，余存的光便会化作另一束光的阴影。

同样，当你们的自由失去约束，便会变为更大意义上自由的桎梏。

理性与热情

女祭司又说，请和我们讲讲理性与热情吧。

他回答说：

你们的灵魂往往是一个战场。在这片战场上，你们的理性和判断与你们的热情和欲望浴血奋战。

但愿我能成为你们灵魂中的和平使者，将你们灵魂中的冲突和对立化为统一与和鸣。

但若非你们也成为和平使者，去关怀你们灵魂中对立的一切，我的愿望又怎会实现？

你们的理性与热情是伴随你们灵魂远航的船舵和船帆。

如果船舵或船帆毁坏，你们便只能在大海中随波逐流、停滞不前。

因为独自裁决的理性，是一股偏颇狭隘的力量；而不加拘束的热情，是一团自我焚灭的烈焰。

所以，让你们的灵魂将理性举至热情的高度，使之放声欢唱；

让你们的灵魂用理性指引你们的热情，使你们焚毁的热情日日复活，如浴火的凤凰般涅槃重生。

我愿你们将理性的判断与热情的嗜欲看作两位临门的贵客，

却不可厚此薄彼，否则便会失去两者的爱戴与信任。

在山间，当你们坐在凉爽的白杨树荫下，彼此分享远方田野和草地的宁静时——在你们心头默念："上帝在理性之中安息。"

当暴风雨来临，狂风摇撼森林，雷电宣示天空的威严时——你们的心就当敬畏地说："上帝在热情之中波动。"

而你们，作为上帝麾下的一缕气息，上帝森林中的一片叶子，也当随上帝在理性之中安息，在热情之中波动。

痛　苦

一位妇人说，请和我们谈谈痛苦吧。

他说：

你们的痛苦，源于封存你心智的外壳在破裂。

正如果核必须破碎，才能使果仁沐浴阳光，你们也必须体会痛苦。

假如你们对每日生活中的奇迹兴味盎然，你们的痛苦便会同你们的快乐同样美妙；

你们会悦纳自己情绪的喜怒哀乐，如同安然度过田野上轮回的春夏秋冬。

你们也会安详地看待自己的痛中之痛，苦中之苦。

你们的许多痛苦是自己选择的。

它是一味苦口的良药，你们心中的良医正是用它来治愈你们病恙的躯体。

所以，信任这位医生吧，安静地饮下他手中的药水：

他的手掌虽然沉重粗糙，却为一只无形的温柔之手所指引；

他手中的杯子虽会灼伤你们的嘴唇，却是陶工用自己眼中圣洁的泪水打湿黏土烧制而成的。

自　知

一名男子说，请和我们讲讲自知吧。

他回答说：

你们的心，在寂静中洞悉了昼夜的秘密。

但你们的耳朵渴望你们心中知识的声音。

你们将一切思想转化为唇齿之间的言语。

你们试图用手指去触碰梦那赤裸的身躯。

是啊，你们本该如此。

隐藏你们灵魂中的泉源必会升起，低吟着奔向大海；

你们内心深处的宝藏将毕露于你们眼前。

但请不要用秤来衡量你们那未知的宝藏；

也莫用标尺或测绳去丈量你们知识的深度。

因为你们的自我是无边无量的海洋。

不要说"我发现了真理"，

而要说"我发现了广大真理中的一条"。

也莫讲"我找到了灵魂的道路"，

而要讲"我遇见灵魂行走在我的道路上"。

　　行走之时，灵魂不会拘泥于一条直线，而会漫步于所有的道路上。

　　乍现之处，灵魂不会像芦苇般疯长，而会像千瓣莲花般悄然盛放。

教 育

后来，一位教师说，请和我们讲讲教育吧。

他说：

除了那些在你们知识的曙光中半梦半醒的事物，没有人能向你们透露任何知识。

信步于神殿阴影处的导师，同信众传授的并非智慧，而是他的信仰和仁爱。

他若真乃智者，必不会带领你们进入他智慧的殿宇，反会引领你们跨越自己思想的门槛。

天文学家也许会和你们讲述他对太空的理解，却无法将这种理解灌入你们的心灵；

音乐家也许会同你们唱起响彻宇宙的旋律，却无法给予你们可以捕捉那节奏的耳朵，也无法赠予你们应和那乐声的嗓音；

数学家也许能同你们畅谈度量衡的领域，却无法带领你们跻身度量衡的世界。

因为，一个人无法将自己的洞察世界的翅膀借与他人。

正如上帝对你们每人的认识是不同的，你们每人对上帝和大地的认识和理解也各不相同。

友　谊

　　一位年轻人说，和我们谈谈友谊吧。

　　他回答说：

　　你们交友，是为了满足自己的需求。

　　朋友是你们带着爱心播种、怀着感恩收获的田地。

　　朋友是你们的餐桌和火炉。

　　你们饥肠辘辘地奔向你们的朋友，在他们那里寻求安宁。

　　当你的朋友说出他的想法，你不必害怕说出自己心中的"不"，也不必隐瞒自己心中的"是"。

　　当他沉默时，你仍须用心聆听他的心声；

　　在友谊中，无言胜过有声，一切思想、欲望、期望尽在无言中萌发和分享，一切快乐都心照不宣。

　　当你与朋友别离时，不要悲伤；

　　因为当朋友不在时，他在你心中的最可爱之处会越发明朗；正如登山者站在平地，山峰的轮廓在眼中会倍加分明。

　　愿除砥砺心灵之外，友谊别无所求。

　　因为爱无所求，只求揭露自己内心奥秘的爱亦非真爱，而是一张撒出去的渔网，只能捞到无益之物。

请将自己最好的东西献给朋友。

假如他要知晓你生命的潮落，也让他知晓你生命的潮涨。

若你交友引伴是为了打发光阴，那朋友于你而言又算什么？

你须始终为充实生命而交友。

朋友可以满足你的需要，却无法填补你的空虚。

在友谊的甜蜜中，你们要一起欢笑，分享彼此的快乐。

在琐事的朝露中，心灵会寻得自己的黎明，而后焕然一新。

谈　吐

一位学者说，请和我们讲讲谈吐吧。

他回答说：

当你的思想不安于平静时，你开始说话；

当你无法停留在内心的孤寂中时，你便栖居于自己的唇边，让声音成为一种消遣和娱乐。

你在大多数的谈话中，谋杀了自己半数的思想。

因为思想是天边自由翱翔的飞鸟，在语言的牢笼中，它可以舒展羽翼，却无法展翅飞翔。

你们有些人因害怕孤独而找他人交谈。

为避免孤独的沉默使他们赤裸的自我暴露于眼前，他们宁愿逃离。

有些人夸夸其谈，却没有足够的知识和见地来揭示自己无法理解的真理；

有些人心存真理，却从不与他人言说。

在他们心中，灵魂存在于律动的沉默。

当你在路边或市集上遇见自己的朋友，愿你的灵魂拨动双唇，指引舌头。

　　让你内心的声音对他内心的耳朵诉说；

　　他的灵魂也必然会守护你心灵的本真，

　　正如酒色被遗忘，酒杯无存，酒香依旧会被铭记。

时　间

一位天文学家问道：师父，什么是时间呢?

他回答说：

你们将丈量那无量莫测的时间。

你们会依靠时间和季节来调整自身的行为，指引你们精神前行的方向。

你们将把时间视作溪流，静坐岸边看着它流淌。

然而，你们内心的永恒会意识到生命的永恒，

你们会知道昨天不过是今天的回忆，明日不过是今日的梦想。

你们心中歌颂和凝望的，仍然囿于初时繁星布满夜空的一瞬。

你们当中有谁不觉得自己拥有爱的无穷力量呢?

然而，谁又不曾感受到这份爱虽然无边无际，却始终存在于自己的内心，从不在爱的思想之间转移，在爱的行动之间变迁呢?

时间不正和爱一样不可分割，更无法丈量吗?

但若你们必须以季节来衡量时间，就让每一个季节被其他季节所环绕吧，并在今天带着回忆拥抱过去，带着憧憬拥抱未来。

善　恶

城中的一位长老说，请和我们谈谈善恶吧。

他回答说：

请恕我只能谈论你们心中的善，无法谈论你们心中的恶。

恶不正是被自身的饥渴所折磨的善吗？

实际上，当善饥饿时，甚至会饥不择食；当善口渴时，甚至会饮鸩止渴。

当你们表里如一时，你们便是善人；

当你们表里不一时，你们也非恶人。

一座漏风的房子仅仅是一座漏风的房子，并非贼窝；

一艘无舵之船也许会在危险的群岛之间漫无目的地游荡，却不会沉没海底。

当你们努力奉献自我时，你们便是善人；

而当你们谋取私利时，你们也并不邪恶。

当你为自身谋求利益，你们不过是一块紧贴大地的根茎，正吮吸着大地的乳汁。

果实无法对根茎说："你要像我一样，成熟而饱满，永远奉献自己的硕果。"

因为对于果实而言，奉献是必然的；如同对于根茎而言，汲取也是一种必然。

当你们思维清晰、侃侃而谈时，你们在行善；

然而，当你们入眠，舌头在漫无目的地呓语时，你们并非在作恶。

即使结结巴巴地讲话，也会使虚弱的舌头更加健壮。

当你们步履坚定地奔向目标时，你们是好人；

然而，当你们一瘸一拐地走向目标，你们并非坏人。

跛子虽腿脚不便，也并非在后退。

但你们这些身强体壮、身手敏捷的人，切莫以为在跛子前面跛行便是行善。

在许多方面，你们是善人；而当你们不再良善时，你们也并非恶人。

你们只是闲散慵懒罢了，

只可惜雄鹿无法教海龟敏捷。

在你们对"大我"的渴望中，隐藏着你们的善良：这种渴望存在于你们所有人心中。

然而，在你们有些人心中，这种渴望是一股奔腾入海的洪流，满载山丘的秘密和森林的欢歌。

而对另外一些人而言，这种渴望是一条平坦的溪流，在蜿蜒曲折中迷失了方向，徘徊着到达岸边。

但请不要让那些追名逐利之人数落那些心性淡泊之人："你为何踌躇不前？"

因为，真正善良的人不会同衣不蔽体的人讲："你的衣服在哪儿？"也不会对无家可归之人发问："你的房子怎样了？"

祈　祷

一位女祭司说，请和我们讲讲祈祷吧。

他回答说：

我愿你们除了在悲伤和穷乏之时祈祷，也在欢乐和富足之日祈祷。

祈祷不就是你们在生命的天空展现自我吗？

将心中的暗夜同宇宙倾诉，是一种慰藉；将心中的晨光同宇宙倾诉，是一种乐趣。

倘若你们的灵魂在召唤你们祈祷时，你们不住地啜泣；她便会一遍遍地为你们摇旗呐喊，直到你们笑逐颜开。

当你们祈祷之时，你们升至九霄，和那些一同祈祷的人相聚一堂。

也只有在祈祷时，你们才会遇见这些与你们志同道合的人。

所以，愿你们隐秘在那座神殿之中的朝拜，成为一次喜悦甜蜜的聚会吧！

假如你们朝拜神殿只求索取，便不得领受那来自上帝的恩赐；

假如你们朝拜神殿只为屈尊降贵，你们的灵魂也就无法升华；

假如你们朝拜神殿只为他人祈福，你们的心声也不会被听取。

于你们而言，只消踏入那座冥冥之中的神殿，便已足够。

我无法将祷词传授与你们。

除了假借你们的唇齿所表述的话语，上帝绝不会聆听你们的祷词。

我无法将大海、森林和山脉的祷词传授与你们。

但你们这些大海、森林和山脉的儿女，能够在自己的心中寻到它们的祷词。

倘若你们在寂静的暗夜中侧耳倾听，会听见它们在默默地诉说：

"我们的上帝，你是我们羽化的自我，你的愿望便是我们的愿望。

你的渴求便是我们的渴求。

是你鼓舞我们，将属于你我的暗夜，化为属于你我的白昼。

我们别无所求，在我们的索求萌发之前，你已然知晓一切：

你是我们的渴求；你在将更多的自我给予我们时，也给予了我们一切。"

欢　乐

一位每年进城一次的隐士走上前说，请和我们讲讲欢乐吧。

他回答道：

欢乐是一首自由的歌，

但并非自由；

欢乐是你们心中愿望的绽放，

但却非其所结的果实；

欢乐是幽谷对高峰的呼唤，

但既非高峰，也非幽谷；

欢乐是鸟笼中的翅膀，

但并非鸟笼中局促的空间。

是啊，事实上，欢乐是一首自由的歌。

我愿你们将之欣然唱起，却不愿你们在欢唱中迷失自己的内心。

你们当中有些年轻人，将寻欢作乐视作生活的全部，他们遭受到审判和斥责。

但我既不审判他们，也不斥责他们，反而鼓励他们亲自去寻找欢乐。

最终，他们会找到欢乐，但也会找到其他东西；

欢乐有无数姐妹，其中最小的一个也比欢乐俊俏迷人；

难道你们没听说过有人在土地里刨树根时，发现了宝藏吗？

你们当中有些年长者，常常带着遗憾回忆旧时的欢乐，仿佛那是酒醉时犯下的错误。

然而，遗憾是心灵所受的蒙蔽，而非心灵所受的惩罚。

他们应如回忆夏天的收获般，怀着感激之情回忆他们的欢乐。

倘若遗憾能使他们得到慰藉，那就随他们去吧。

除此之外，你们当中还有些人，既非寻欢作乐的年轻人，也非追忆欢乐的年长者，

出于畏惧追求和回忆，他们逃避一切欢乐，唯恐怠慢或冒犯灵魂。

但即便在这些逃避之举中，也蕴含着他们的欢乐。

因此，尽管他们用颤抖的双手去挖掘树根，同样能够寻到宝藏。

但请告诉我，谁能冒犯灵魂呢？夜莺的歌声岂会冒犯夜的寂静？

萤火虫的光岂会冒犯漫天繁星？你们的人间烟火岂会冒犯清风？

你们又岂可认为灵魂是一潭止水，仅用一根棍子便可将之搅浑？

在否定自己的欢乐时，你们往往不过是将欲求藏于心中偏僻的一角。

谁又会知道，今天好似已被忽略的事物，会翘首以待明日再

现呢？

更有甚者，你们的身体也清楚它的习惯和合理需求，不愿被蒙骗。

你们的身体是你们灵魂的竖琴，

用之奏出甜美的音乐或是混乱的噪音，都取决于你们自身。

现在，请你们扪心自问："我们该如何分辨欢乐的好坏呢？"

去往你们的田地和花园吧，你们会发现蜜蜂以采蜜为乐，

同时，花朵以为蜜蜂奉献花蜜为乐。

对蜜蜂而言，花朵是生命的源泉；

对花朵而言，蜜蜂则是爱的使者；

对蜜蜂和花朵而言，奉献与接受的欢乐是一种需要，也是一种喜悦。

奥法利斯城的人们，像花朵和蜜蜂一样，尽情享受你们的欢乐吧！

美

一位诗人说，请和我们谈谈美吧。

他回答说：

若非美成为你们的道路和向导，你们将在哪里寻找美，又如何找到美呢？

若非美织就了你们的言语，你们又如何能谈论美呢？

受委屈和伤害的人说：

"美是善良和温柔的化身。

她害羞地走在我们中间，像一位明艳照人的年轻母亲。"

热情的人说："不，美是一种伟大且令人生畏的存在。

她像暴风雨般，撼动我们脚下的大地和头顶的苍穹。"

疲惫不堪的人说："美丽是温柔的低语。她在我们的心中轻声诉说。

她的声音被我们的沉默折服，如同一道微光，在对阴影的恐惧中颤动。"

烦躁不安的人却说："我们听见美在山谷中叫喊，
她的叫声引来了马蹄声、翅膀拍动的声音和狮子的吼叫。"

夜间，守城的人说："美将伴随着黎明从东方升起。"
正午，劳作者和游人说："日落之时，我们看见美倚在窗边俯瞰
大地。"

冬天，被风雪所阻的人说："美将和春天一起跃至山巅。"
炎炎夏日里，刘麦者说：
"我们见过美与秋叶共舞，也见过飘落在她发间的雪花。"

你们说的一切，无一不关乎美，
但事实上，你们并非在谈美，而是在谈未被满足的需求，
美并非一种需求，而是一种喜悦；
美并非一抹干渴的唇，或伸出的一双空手，
而是一颗熊熊燃烧的心，一个妙趣横生的灵魂；
美并非你们眼前的景象，也并非你们耳边的歌曲，
而是你们闭上双眸也可欣赏的画面，掩住耳朵也可聆听的一首
歌曲；
美并非树缝间流淌的汁液，也并非被利爪擒获的鸟儿，
而是一座永不凋零的花园，一群始终翔于天堂的天使。

奥法利斯城的人们，当生命揭开美的面纱，露出圣洁的面容，美

就是生命。

　　你们是面纱，也是藏在面纱之下的生命。

　　美是永恒，凝视着自己镜中的容颜。

　　你们是镜子，也是揽镜自照的永恒。

宗　教

一位年迈的牧师说，请和我们讲讲宗教吧。

他说：

我今天所讲的一切，不是全部关于宗教吗？

宗教不就是一切行为和省悟吗？

还有那既非行动也非省悟，而于手凿石头或抚弄织机时灵魂不断迸发的奇迹和惊喜，不也是宗教吗？

试问，有谁能将自己的信仰和行动分开，或将自己的信念和事业分开？

又有谁能将自己的时间摊开在自己面前，说："这部分是为上帝准备的，那部分是为我自己安排的；这部分属于我的灵魂，那部分为我的肉体所独有？"

你们所有的时间都是翅膀，划过天空，从一个自我飞向另一个自我。

以仁义道德为锦衣华服来伪装自己的人，不如赤身裸体。

清风和阳光不会使他的皮肤千疮百痍。

以道德来规范自己行为的人，往往将心中歌唱的鸟儿囚在鸟笼中。

最自由的歌声并非源自围栏和铁网。

视礼拜为一扇时开时闭的窗户之人，尚未邂逅他们灵魂的栖息处，那里的窗户永远敞开。

你们每天的生活就是你们的神殿和宗教。

无论你们何时进入这座神殿，请带上你们的一切，

带上你们的犁耙、熔炉、法槌和鲁特琴，

带上你们出于需求和娱乐而创造的物什。

在虔敬中，你们无法超越自己已然取得的成就，也无法跌落至比你们的失败更深的深渊。

此外，也请带上所有人吧！

因为在崇拜中，你无法飞越他们的希望，也无法陷入比他们的失望更深的绝望。

如果你想了解上帝，请不要仅猜哑谜。

环顾四周，你会看见上帝正同你的孩子们玩耍。

仰望天空，你会看见祂正在彩云间行走，在闪电中舒展双臂，在雨幕中降临人间。

你会看到祂在花丛中微笑，在树林间挥手。

死　亡

紧接着，艾尔梅特拉说，现在，我们想向您请教什么是死亡。

他说：

你们会知晓死亡的秘密。

但若你们不在生命的心中寻找，又如何能寻到这秘密？

正如夜里目光如炬、昼时视线模糊的猫头鹰，无法揭示光明的奥秘。

如果你们真要洞察死亡的灵魂，就请对生命的躯体敞开心扉。

因为死生一体，正如江海同源。

在你们希望和欲望的深处，隐藏着你们对来世的认知；

就像种子在雪地下造梦，你们的心在渴望春天。

相信梦想吧，在梦想里隐藏着通往永生的大门。

你们对死亡的恐惧，不过是站在国王面前的牧羊人，在等待国王授予荣誉时所发出的颤抖罢了。

战战兢兢之中，牧羊人岂不也为戴上国王钦赐的勋章而喜悦吗？

然而，他为何更在意自己在颤抖呢？

死亡不就是赤身裸体地站在风中，消融在阳光下吗？

咽气不就是令自我的气息从汹涌的潮水中解脱出来，并使之上升、扩散，无牵无挂地追寻上帝吗？

只有饮下寂静之河的水，你们才能真正高歌。

只有抵达山顶之时，你们方能真正开始攀登。

当大地夺去你们的四肢，你们方能真正起舞。

告　别

日暮西斜。

女预言家艾尔梅特拉说：愿今日永在，愿此地长存，愿你言教众人的灵魂生生不息。

他回答说，谈话的是我吗？我不是一位听众吗？

接着，人们跟随他迈下神殿的台阶。他登上船，站在甲板上。

之后又面向众人，高声唤道：

奥法利斯城的人们，海风敦促我离开你们。

我虽没有海风那般匆忙，但已必须要走了。

我们都是流浪者，永远在寻找更孤独的道路，我们的一天并不在另一天结束时开始，朝阳也不会在暮日离开我们之处找到我们。

即使大地安眠，我们也不会停下匆匆的脚步。

我们是顽强的种子，在心灵成熟丰盈之时，我们伴随清风四处飘散。

我们曾共同度过的日子如此短暂，我所说的话语也更加简短。

如果我的声音从你们耳边消失，我的爱在你的记忆中消散，我将重新回到这片沃土。

那时，我会用更加充实的心和更契合灵魂的唇同你们讲话。

是的，我会随着潮水再次归来，

纵使死亡将我隐藏，无边的寂静将我笼罩，我仍将寻求你们的理解。

我的寻求不会徒劳无功。

如果我所说的一切皆乃真理，那这真理必将以更洪亮的声音、更贴近你们思想的言语表达自己。

奥法利斯城的人们，我将随风而去了，但我不会陷入无边的虚无；

如果这一天未能实现你们的需求和我的爱，就让它成为我另一日会兑现的承诺吧。

人们的需求会变，而爱恒久不变，用爱来满足愿望的渴求也恒久不变。

所以，你们要知道，我必将从更浩大的寂静中归来。

破晓时分朦胧的薄雾，在田野间凝结成露珠，随后冉冉升起，聚集成云，又零落成雨。

我如同那薄雾。

在寂静的夜里，我行走在你们的街上，我的灵魂飘荡进你们的屋舍。

你们的心在我心间跳动，你们的气息吹拂在我脸上，你们的一切都为我所知。

啊，我知晓了你们的快乐和痛苦，你们的睡梦便是我的梦。

在你们之中，我常常像山间的一个湖泊。

我映照出你们雄伟的山巅和蜿蜒的山坡，还有那在你们的思想和渴望中穿梭的羊群。

你们的儿女银铃般的欢笑，你们的少年对青春的向往，化作江河与溪流，涌入我的寂静。

当它们涌入我的湖底，便欢歌不止。

涌入我的寂静之中的，还有比欢笑更甜美，比向往更伟大的事物，

那便是你们内心的无限。

他是巨人，而你们只不过是他身上的细胞和肌肉；

与他的圣歌相比，你们的歌声不过是无声的悸动。

但正是在这位巨人身上，你们才是伟大的，

我看见他，才会看见你们，才会爱上你们。

在这广袤无垠的空间之外，爱又能走多远呢？

什么样的愿景、期望和遐想，能够飞跃一切？

你们心中的巨人，如同一棵开满苹果花的巨大橡树。

他的力量将你们束缚在地，他的芬芳将你们升至高空，在他的永存中，你们得以永生。

有人说，你们像一条铁链，和你们最薄弱的铁环一样脆弱。

这只是真相的一半。你们也同你们最坚韧的铁环一般坚韧。

用最小的善行来衡量你们，等于用泡沫的脆弱来衡量海洋的神力。

以你们的失败来评判你们，相当于用四季的变幻无常来责怨季节。

是啊，你们就像一片大海。

尽管搁浅的船只在你们的岸边苦盼潮水，你们却如同大海般，无法催促潮汐提前到来。

你们也如同四季，

尽管你们在冬日里严拒春天的拜访，

然而，春天却在你的心中休憩，在她的睡意中微笑，且神色自若。

你们切莫以为我说这些是为让你们彼此相告："他过誉了，他只看到了我们的优点。"

我对你们所讲的，只是你们已然意识到的事情。

言语的知识，不就是无言的知识的影子吗？

你们的思想和我的言语是层层浪花，来自一段尘封的记忆，记载着我们的昨日，

记载着古老的过往，彼时，大地不知你我，也不识自身，

还记载着无数的夜晚，那时，大地处于一片蛮荒和混沌。

智者曾将智慧传授与你们，而我却来汲取你们的智慧：

看啊，我已经找到了比智慧更伟大的东西。

它是你们灵魂中越燃越旺的火焰，

你们却任其自由燃烧，只为你们岁月的凋零而悲叹。

它是生命，在恐惧坟墓的肉体中追逐生命。

这里并无坟墓存在。

山脉和平原，是摇篮和垫脚石。

无论何时，当你们经过埋葬着你们祖先的那片田野时，凝神观望，会发现自己和孩子们正手拉手跳舞。

实际上，你们常常在不知不觉中创造欢乐。

有人到你们这里来，为你们的信念许下黄金般的诺言，你们只是报之以金钱、权力和荣誉。

我未曾许下任何诺言，你们却对我更加慷慨。

你们赠予了我对生命更深的渴求。

对一个人而言，没有什么比将所有的目标变成焦渴的唇，把所有的生命变成喷泉更伟大的礼物了。

我的荣誉和回报正在于此——

每当我来到喷泉旁饮水，总会发现这流动的泉水自身也干渴难耐；

当我畅饮泉水时，它也在畅饮我。

你们有些人认为，我过于自尊，羞于接受馈赠。

我的确太过自尊，不愿接受报酬，但不是礼物。

当你们邀请我进餐，我已吃过山林间的浆果，

当你们欣然地为我提供住所，我睡在神殿的门廊处，

然而，不正是你们对我长长久久的关爱，才使我齿颊生香、酣然入梦吗？

为此，请收下我最深的祝福：

你们付出了很多，自己却浑然不知。

诚然，揽镜自怜的仁爱会变成顽石，

孤芳自赏的善行会成为诅咒之源。

你们有些人称我清高，迷醉于我的孤独，

你们曾说："他与林间的草木谈心，却不与人交流。

他独自坐在山巅，俯瞰着我们的城市。"

是的，我确曾爬上山峰，在杳无人烟处散步。

如果不是身处高处或远方，我如何能看见你们呢？

一个人若不先抵达远方，又如何行至近处呢？

还有人对我无声地呼唤：

"异乡人，异乡人，高不可攀的爱人，你为何居住在苍鹰筑巢的山巅？

你为何总寻找那遥不可及的东西？

你的罗网想要捕到什么样的风暴？

你又在天空中追猎何种灵禽异鸟？

请成为我们的一员吧。

下山吧，吃下我们的食物充饥，饮用我们的美酒解渴。"

在灵魂的孤寂中，他们吐露这些言语；

然而，如果他们的孤独更加深邃，他们就会知道，我只不过在寻找导致你们快乐和痛苦的秘密，

我追猎的，只是你们行走于天际的"大我"。

但猎人也是猎物；

我的离弦之箭，大多只射向我的胸膛。

同样，飞鸟也是爬虫；

当我在阳光下展开双翼，投下的影子是地面爬行的乌龟。

甚至，我是信徒，也是怀疑者；

我常常亲手撕开自己的伤痕，以便在你们的关爱中更加信任和了解你们。

可以这样讲：正是有了我们之间的信任和了解，

你们才不再被封闭于你们的躯壳中，也不再被禁锢于房舍或田地里。

你们从此安居于山间，御风游走。

你们不再是在阳光下取暖的爬虫，在黑暗处挖掘洞穴来庇护自身的动物，

而是自由的化身，一个气吞山海、翱翔天空的灵魂。

如果这些话太过模棱两可，就请不要深思苦索了。

朦胧模糊是万物的开端，而非终结，

但愿，我能成为你们记忆中的开端。

人类乃至一切生物，都在迷雾中孕育而生，而非在水晶之中。

谁会料到，水晶不过是衰败的迷雾？

愿你们在想起我时，能想起下面这些话：

你们心中最软弱、最困惑的部分，也是你们心中最强韧、最坚定的部分。

难道不正是你们的呼吸，使你们的骨架坚挺牢固吗？

难道不正是消失于你们记忆中的梦，为你们构建了赖以栖息的城市，并描绘出城中的一切吗？

如果你们曾看见呼吸的交替，你们将对其他一切视而不见。

如果你们曾听见梦的低语，你们也将对其他声音听而不闻。

你们闭明塞聪，这样也倒好。

遮挡你们视线的面纱，将被那织纱的手掌揭开，

堵塞你们耳孔的泥土，将被那和泥的手指戳穿。

从此，你们便耳清目明了。

然而，你们不必为自己曾目大不睹、有耳不闻而悔恨。

到那日，你们会知晓万物隐含的真理，

你们会像讴歌光明般讴歌黑暗。

说完这些，他环顾四周，看见船上的舵手站在舵柄边，凝视着那张飞扬的风帆，又向远方眺望。

他说：

我的船长极具耐心。

海风劲吹，船帆禁不住摆动；

甚至，船舵也急于调转航向；

船长却波澜不惊，静候着我的沉默。

水手们曾听过大海的合唱，也耐心地听过我讲话。

现在，他们的等待就要结束了。

我已准备好回乡了。

如同溪流汇入大海，伟大的母亲再一次将她的儿子紧抱胸前。

再见了，奥法利斯城的人们。

今天已经结束。

白昼的大门于我们面前关闭，如同睡莲为明日合拢睡眼。

我们会保存此地给予我们的一切，

如果这还不够，我们将再次相聚一堂，一起将手交给奥法利斯城这位慷慨的施主。

别忘了，我终将回到你们身边。

不久，我的渴望势将积聚尘埃和泡沫，塑造出另一副躯壳。

不久，在风中休憩片刻，另一位女子便会将我诞临人世了。

再见了，我们共同度过的青葱岁月。

我们在梦中的欢聚，仿佛就在昨日。

在我孤寂之时，你们为我歌唱；在你们的渴望中，我搭建起一座耸入云天的高塔。

如今日上三竿，大梦已逝，我们已经从沉睡中醒来。

正午已然来临，从鸡鸣初晓到烈日中天，我们必须就此别过了。

倘若在记忆的暮色中再度相逢，我们必将畅叙幽情，你们将为我唱起一首更加深沉的歌。

倘若我们的手在另一个梦中再度相携，我们必会搭建起另一座通天高塔。

说着，他向水手们挥手示意，水手们即刻抛下船锚，松开绳索，将船驶向东方。

人们不约而同地呼喊着，那声音跃过夕阳，响彻海面，如同号角发出的巨响。

唯有艾尔梅特拉沉默不语，凝视着那艘船，直到它隐遁于浩渺烟波中。

众人散去之时，她仍独自久久站在岸边，心头惦念着他说的话：

"不久，在风中休憩片刻，另一位女子便会将我诞临人世了。"

沙与沫

我永远在岸边行走，

徘徊在沙与沫之间。

潮水会抹去我的足迹，

海风会吹散泡沫。

而大海和海岸，

将永远存在。

一次，我手中攥起一把薄雾。

之后伸掌一看，呀，薄雾变成了一只虫子。

我手掌合起，重新张开，看啊，虫子又变成了一只小鸟。

我再次合掌又张开，掌心站着一个愁眉苦脸、仰面朝天的男人。

我又一次合上手掌后张开，手中只剩下朦胧的薄雾。

然而，我的耳边却响起一首分外甜美的乐曲。

仅仅在昨日，我以为自己是一块碎片，在生命的苍穹下毫无韵律地颤抖。

如今，我已知晓自己便是苍穹，一切生命都是碎片，在我体内有规律地移动。

他们在清醒之时对我说："你和你所寄居的世界，不过是大海边的一粒沙子。"

我在睡梦中告诉他们："我是这无边无际的大海，大千世界不过是我岸边的沙砾。"

唯有一次，我哑口无言。那时，一个男人问我："你是谁？"

上帝心中闪现的第一个念头，是天使。
上帝唇边吐露的第一个词语，是凡人。

大海和林间的清风将语言赐予了我们这些于千万年间飘浮着、游动着、渴望着的生灵。

如今，我们该如何用过往的声音倾诉我们心中的远古年代？

斯芬克斯①只说过一次话，他说："一粒沙子是一片沙漠，一片沙漠是一粒沙子；现在，让我们保持沉默吧。"

我听到他说的话，却迷惑不解。

---

① 最初源于古埃及神话，通常被描述为长有翅膀的雄性怪物，在各文明的神话中形象和含义都有不同。它也是古老权力的象征，象征着人类永恒的梦想，创造力与力量的完美结合。

每逢看到一张女人的脸庞，我便可看到所有她尚未出世的孩子。

每逢打量着我的面孔，一个女人便会认出我所有在她生前便已离世的父辈。

此刻，我想充实生命的内涵。然而，除非我能成为一个有智慧生物存在的星球，否则该如何实现这一愿望呢？

这不正是所有人的目标吗？

一颗珍珠，是痛苦环绕着一粒沙子所建造的庙宇。

又是何种渴望围绕着哪粒沙子塑造了我们的身躯？

当上帝将我视作鹅卵石投入一汪奇幻的湖水中，我便在平静的湖面激起无数圈涟漪。

而当到达湖底时，我反而异常安静。

赐予我沉默，我将向黑夜下发战书。

当我的灵魂和身体相爱成婚时，我便重生了。

我结识过一个听觉灵敏却无法言语的人。他在一场战斗中失去了舌头。

后来，我才知晓他在这无边的沉默中参加了一场怎样的战斗。我为他的牺牲而骄傲。

这世界何其狭窄，竟无法同时容纳我们二人。

我曾在埃及的尘土里沉睡千年，无声无息，不辨四季。

之后，太阳赐予我生命，我站起身来，在尼罗河的岸边行走，

与白昼一起欢唱，与夜晚一同入梦。

如今，太阳用一千只脚在我身上践踏，命令我再次躺入埃及的尘土中。

但请看，奇迹和谜团出现了！

太阳虽然将我聚为一体，却无法将我分散。

我依旧身姿挺拔，信步在尼罗河畔。

回忆是某种形式的相聚。

遗忘是某种形式的自由。

我们根据无数次太阳的运动来测量时间；

他们则利用口袋里的小机器来测量时间。

现在，请告诉我，我们如何能在同一个地点和时间邂逅呢？

从银河的窗边俯首望去，你所望见的便不再是地球和太阳之间的空间了。

人性是一条光河，从永恒中来，到永恒中去。

栖息于天空的精灵，怎会不妒羡世人的苦楚？

去往圣城①的路上，我遇到了另一位朝圣者。我向他询问："这真的是去往圣城的路吗？"

他说："随我来吧，一天一夜之后，你就抵达圣城了。"

于是，我与他结伴同行。我们走了几天几夜后，依旧没有抵达圣城。

令我惊讶的是，他误导了我，反而对我大发雷霆。

啊，上帝，请让我成为狮子的猎物吧，要不就让野兔做我的美食吧。

人们只有走过幽暗的夜路，才能抵达黎明。

我的房子对我说："不要离开我，这里生活着你的过去。"

道路对我说："随我来吧，这里有你的未来。"

我对我的房子和道路说道："我没有过去，也没有未来。倘若

---

① 指耶路撒冷，即世界三大一神教——犹太教、基督教和伊斯兰教的圣地，位于地中海和死海之间，是史前全球宗教重地，也是完整保留亚伯拉罕诸教信仰文明演进史的一个城市。

我停驻，停驻中也必定会有离去；倘若我离去，离去中也必定会有停驻。只有爱和死亡，才会改变一切。"

既然那些安眠在羽绒上的人所做的梦，并不比酣睡在土地上的人更甜美，我又怎能对生命的公平失去信心呢?

何其怪哉! 对某些快乐的渴望，竟会令我痛苦万分。

我曾有七次鄙视自己的灵魂:

第一次，我发现她本可位极人臣时，甘愿做小伏低。

第二次，我看见她在跛子面前跛行。

第三次，在面临难与易之间的抉择时，她选择了易。

第四次，当她犯下过错，却安慰自己他人也会犯错。

第五次，她容忍了怯懦，却将自己的忍耐视作坚强。

第六次，她轻蔑了一张丑陋的容颜，却不知道那是她自己的面具之一。

第七次，她哼唱起一首颂歌，并将之视作一种美德。

我不知道什么是绝对的真理。但是我对于我的无知始终保持谦逊，此中就有了我的荣誉和奖赏。

人们的幻想和成就之间的距离，或许只能用向往之心来弥合。

天堂就在那边，在隔壁房间的那扇门后；我却把钥匙弄丢了。

不，或许我只是将钥匙放错了地方。

你双目失明，我又聋又哑，所以，让我们十指紧扣，彼此了解吧。

一个人的价值不在于他业已取得的成就，而在于他渴望实现的梦想。

我们当中，有些人如同墨水，有些人如同白纸。

如果没有一些人如墨水般的黑，一些人将成为哑巴。

如果没有一些人如白纸般的白，一些人将变成瞎子。

送我一只耳朵，我将赠你以歌声。

我们的思想是一块海绵；我们的心灵是一条溪流。

我们大多数人宁愿选择吸水而放弃奔流，这难道不令人诧异吗？

当你渴望无名之福，心怀无故之忧时，你便与万物一同长大，朝向你的"大我"茁壮成长。

一个人沉醉于幻象之中时，会将自己对幻象的朦胧情味当作美酒。

你饮酒只为买醉；我饮酒则求清醒。

当我的酒杯空空如也，我放任于它的空无；而在它半满之际，我却恨其未能载满醇酒。

一个人的本质并不体现在他向你展现的一面，而体现在他对你隐瞒的一面。

因此，如果你想了解一个人，不要听他讲了什么，而要听他没有说出的话。

我讲的话，一半都毫无意义；我将之说出口，只为使你们能认真聆听另一半。

幽默感即分寸感。

当人们称赞我多言的过失，责备我沉默的美德时，我的孤独感便由此而生了。

当生命无法找到一位歌手来传唱其心声，便会创造一位哲人来阐述其思想。

真理永远为人所知，却只在某些时刻为人所道。

我们的本真往往沉默无言；后天的我们却总喋喋不休。

我心中生命的声音，无法传至你们生命的耳边；但为了对抗寂寞，让我们彼此交谈吧。

当两个女人谈话时，所言往往空洞无物；当一个女人自言自语时，她揭示了生命的一切。

青蛙的叫声也许比黄牛更洪亮，它们却四肢羸弱，无法拖犁耕田或牵磨榨酒，蛙皮也无法做出鞋子。

只有哑巴才羡慕那些夸夸其谈之人。

如果冬天说，"春天在我心中"，谁会相信呢？

一粒种子是一种渴求。

倘若你们放眼观察，便会在所有形象中看到自己的形象。
倘若你们侧耳倾听，便会在一切声音中听到自己的声音。

揭示真理需要两人合作：一人讲述真理，一人理解真理。

尽管语言的浪花经久喧哗，我们内心的深处却始终沉默。

许多学说如同窗格，向我们传递着真理，却又将我们同真理隔绝。

现在，让我们来捉迷藏吧。如果你藏在我的心间，我便不难将你找到；但若你躲在自己的壳里，千寻百访都将徒劳无功。

女子常以微笑为面纱，掩饰自己内心的忧愁。

心怀忧伤，却能同欢乐者一起欢歌的人，该多么高尚！

那些欲了解女性、剖析天才，解答沉默之谜的人，同样愿意从美梦中清醒，坐在早餐桌旁开启新的一天。

我愿与前行者一道行走，却不愿坐在原地，静看前行的队伍从我身边匆匆而过。

对于服侍你的人，你欠下的不仅仅是金子。请将你的心交给他们，或者去服侍他们吧。

不，我们没有枉活一世。我们的尸骨，最终不也垒砌成高塔了吗？

我们不必过分挑剔或拘泥于细节。诗人的灵感和蝎子的毒针，都在同一片土地上光荣地升起。

每一条恶龙，都会引出一位圣·乔治来将之消灭[①]。

树木，是大地写在天空中的诗行。我们伐木造纸，记录着我们的空虚。

如果你想写作（只有圣人才知道你为何要写作），你必须具备知识、艺术和魔力——文字的音韵知识、真挚的艺术和热爱读者的魔力。

他们把笔尖蘸在我们的心田，以为自己能借此获得灵感。

如果一棵树撰写自传，那将无异于一个民族的历史。

在写诗的才情和成诗之前的欣喜之间，我宁愿选择成诗之前的欣喜。这一欣喜之情是一种更美的诗。

但你们和我所有的邻居都认为，我总做出错误的选择。

---

① 出自欧洲神话圣·乔治屠龙。传说中，恶龙逼迫堡主将自己的女儿以祭品的形式献给它，但就在它要接收这份"祭品"时，上帝的骑士圣·乔治以主之名突然出现，与凶残的恶龙以命相搏，最终将其铲除。

诗并不是诗人表述的一种观点，而是从诗人流血的伤口或微笑的唇边泛起的一首歌曲。

词语是永恒的。你在口述或手写词语时，也当意识到它们的永恒。

诗人是废位的君王，蹲坐在宫殿的废墟中，试图借废墟营造一种幻象。

诗歌是丰盈的悲欢和怅惘，夹杂着少许词汇。

诗人若追寻其心曲之源，结果只会无功而返。

一次，我对一位诗人说："你的价值，盖棺论定。"
他回答说："是啊，死神永远是揭秘者。如果你真想了解我的价值，你该知晓：我藏于心中的总多于脱口而出的，我所渴望的总多于我所拥有的。"

如果你歌颂真善美，即使独处沙漠腹地，也会有人聆听你的歌声。

诗歌是醉人心脾的智慧。
智慧是心间吟唱的诗歌。

如果我们能令一个人心生摇曳，并在他的思想中放声歌唱，那么他便真的活在上帝的荫庇中了。

灵感永远在歌唱，从不做出任何解释。

我们常常为孩子哼摇篮曲，以使自己安眠。

我们所有的词语，不过是从思想的盛宴上掉落的碎屑。

思想往往是诗的绊脚石。

伟大的歌手，总会歌唱我们内心的沉默。

倘若嘴里塞满食物，你们该如何放声歌唱？
倘若手中满把黄金，你们该如何合手祈福？

他们说，当夜莺唱起恋歌之时，一根花刺会扎进它的胸膛。
我们也是如此。否则，我们又怎能歌唱呢？

天才，不过是初春来临之际，知更鸟的一声歌啼。

即便最高尚的灵魂，也无法摆脱对物质的需求。

一个疯子也是一位音乐家，与你我并无不同；只不过，他所演奏的乐器有些许走调。

于母亲心间沉默的歌曲，在她孩子的唇间轻轻唱起。

一切渴望都会得偿所愿。

我与另外一个我观点从未完全一致。事情的真相似乎介于我们两者之间。

你的另外一个你常常为你悲伤，但却在悲伤中学会了成长；于是，一切都好转起来。

灵与肉的争斗，只在那些灵魂沉睡而身体失调的人心中存在。

当你触及生命的核心，你会在万物中甚至看不见美的人眼中发现美。

我们活着，不过是为了寻找美的踪迹。其他的林林总总，则是某种形式的等待。

撒下一粒种子，大地会赠你以鲜花。向天空许下一个梦想，天空将带给你一位爱人。

在你出生的那一日，魔鬼已经死去。

如今，你不必走过地狱才遇见天使。

许多女人只是暂借了一个男人的心；只有极少女人能拥有它。

如果你想拥有这颗心，便不应索求。

当一个男人的手触碰一个女人的手，他们二人都触碰到了永恒的心。

爱情是情侣之间的面纱。

每个男人都爱着两个女人：一个是他的想象力创造出来的，另一个尚未出世。

对女人的微小过失耿耿于怀的男子，永远无法欣赏她们高尚的美德。

一成不变的爱，会化作习惯，最终变为奴役。

情侣只会拥抱他们之间的面纱，而不会彼此相拥。

爱情和猜忌从不相互交谈。

爱情是一个光明的字眼，被一只光明的手，书写在一张光明的扉页上。

友谊向来是一种甜蜜的责任，而非某种机遇。

如果你不全面了解你的朋友，你永远也无法真正了解他。

你身上最华丽的服饰，是别人的双手织就的；
你吃过的最美味的饭菜，是在别人的餐桌上；
你睡过的最舒适的床，放置在别人的房子里。
现在，请告诉我，你如何脱离别人而存在呢？

你的思想和我的心意永远不会一致，除非你的思想不再幽居于数字中，我的心意也不再停留于迷雾里。

只有将语言减少至七个字[①]，我们才会互相了解。

只有将我的心灵击碎，我才能启封自己的心灵吗？

---

① 在基督教中，数字"七"有完整完美之意，因而被称为完全数，也可理解为上帝的符号。

唯有大悲或大喜，方能揭露你的本真。

当你的本真被揭露时，你必定会在阳光下裸舞，或者背负起自己的十字架。

如果大自然听到我们知足的话语，河流将不再会寻求大海，寒冬也将不再变为暖春。如果她留意到我们吝啬的言论，我们当中还有多少人能呼吸到新鲜的空气呢？

当你转身背向太阳，你只会看到自己的影子。

在白昼的日光下，你是自由的；当繁星布满夜空，你是自由的；
当日光消融，星月隐匿，你同样是自由的；
当你闭上双眼，无视世间万物，你依旧是自由的。
然而，你是你所爱之人的奴隶，只因你爱他；
同样，爱你的人也是你的奴隶，只因他爱你。

我们都是神殿门前的乞丐，当神进出殿门时，每人都将领受一份赏赐。
我们却彼此嫉妒，这是对神的一种蔑视。

正因独食难肥，你应和他人分享食物，也要为那些不速之客留些面包。

拒绝待客，一切房子皆为坟墓。

一只好客的狼对一只天真的羊说道："何不光临寒舍呢？"
羊回答说："如果贵府不在你的肚子里，我将欣然造访。"

我拦住在门口擦鞋的客人，说："不必了，出门的时候再擦鞋吧，进门的时候是不必擦的。"

所谓慷慨，并非是你将我比你更需要的东西赠予我，而是将你比我更需要的东西赠予我。

你若施与，那的确是慷慨的。施与之时，把脸扭过去，这样就不会看到受施者羞愧的神情。

最富和最穷的人之间的差别，无非是终日的饥饿和一时的干渴。

我们常常向明日借贷，以偿还昨日的债务。

天使和魔鬼也曾经来到我的居所造访，但却都被我打发走了。
天使降临之时，我念了一段旧时的祷词，他便厌烦地走开了。
魔鬼到来之日，我犯下一桩旧日的罪过，他便匆匆地离去了。

毕竟，我的房子算是一个不错的监狱；但我憎恨那堵横在我和我隔壁狱友之间的墙；

但是，我向你保证，我既不会责备狱卒，也不会怪罪建造监狱的人。

当你索要鱼时，那些予你以蛇的人，也许没有别的东西可以给予。对他们而言，这已然可以称为慷慨了。

欺骗时而得逞，却总难自圆其说。

当你宽恕从未杀人的罪犯、从未盗窃的小偷、从未撒谎的骗子，你才真正是气量宽宏之人。

谁能将手指放在善恶的边界，谁便能掀动上帝的衣角。

如若你的心是一座火山，你又怎能期待花朵在你如岩浆般滚烫的手掌中盛放？

有时，我情愿自己被冤枉和欺骗，以此嘲笑那些以为我对自己所受的冤枉和欺骗一无所知的人。这种自我放纵方式多么怪异！

对那些假扮成被追求者的追求者，我该说些什么呢？

请那位用你的衣服擦脏手的人，拿走你的衣服吧。也许他还会用到你的衣服，而你一定不会再把它披在身上了。

遗憾的是，银行家无法成为好园丁。

请勿以后天的美德来粉饰自己先天的缺陷。我愿自己拥有这些缺陷，它们与生俱来，同我合一。

多少次，我包揽下自己从未犯过的罪行，以使他人在我面前舒畅自在。

甚至，在生命的种种面具下，也掩藏着更深的秘密。

也许，你仅凭自己对自己的了解来判断别人。
现在，请告诉我，我们当中谁有罪，谁无罪？

真正公正的人，会希望与你共同分担你的罪过。

只有白痴和天才，才会破坏人造的法律；相对于我们，他们更接近上帝的心。

只有在被追逐时，你才会快速奔跑。

上帝啊，我没有仇人。如若不然，就让他与我势均力敌，让真理成为最终的胜利者。

同归于尽之后，你和你的敌人才会和睦相处。

人为了自卫，也许会自杀。

很久以前，一位圣人因过于可亲可敬而被钉在十字架上。
说也奇怪，昨日我和祂见过三面。
第一次见面，祂正恳求警察不要把妓女关进监狱里去；
第二次见面，祂正和一名流浪汉把酒言欢；
第三次见面，祂正在教堂里和一位挑事者大打出手。

如果他们关于善恶的言论皆为真理，那么我生命的罪行必将擢发莫数了。

怜悯并非真正的正义。

唯一曾对我不公的人，我也曾不公地对待过他的兄弟。

当你看到一个人被带进监狱时，请在心里说："也许，他刚从一座更逼仄的监狱里逃离出来。"
当你看到一个醉酒的人时，请在心里讲："也许，他在逃避一些更为丑陋的事物。"

自卫时，我常常暗自憎恨；如果我更强壮一些，就不必使用手中的武器了。

以唇边的微笑来掩盖眼中的仇恨，这种做法何其愚蠢！

只有那些在我之下的人，才会嫉妒或憎恨我。
我并未被人嫉妒或憎恨；我不在任何人之上。
只有那些在我之上的人，才会赞美或贬低我。
我从未被人赞美或贬低；我不在任何人之下。

你们对我说："我不了解你。"这是对我过分的赞誉，也是对自己无端的侮辱。

当生活赠我以黄金，而我却给予你们白银，并自以为慷慨时，我多么吝啬啊。

当你抵达生命的中心，会发现自己既不高居于罪犯之上，也不卑居于先知之下。

怪异的是，你竟同情那些步伐缓慢的人，而不同情思想迟钝的人；你竟怜悯那些双目失明之人，而不怜悯那些心灵盲目之人。

明智的跛子，不会手持拐杖敲击敌人的脑袋。

对你解囊相助却只为从你心中索取之人，何其愚蠢！

生活是一支前行的队伍。步伐缓慢的人发现队伍走得太快，于是掉队了；
步伐迅捷的人发现队伍走得太慢，于是出列了。

如果世上真的存在罪孽，我们有些人则紧随着先辈的足迹，因倒行逆施而缔结孽缘；
有些人则过度管制我们的子女，因急功近利而种下孽根。

真正的善人，常常和那些大家公认的恶人处在一起。

我们都是囚徒，只是有些人生活在有窗的牢房里，有些人居住在无窗的牢房中。

奇怪的是，相比于捍卫正义，我们为错误辩护时往往更加奋不顾身。

倘若所有人都供认自己的罪行，我们必会因这些罪行千篇一律而互相耻笑；

倘若所有人都展现自己的美德，我们必会因这些美德如出一辙而互相讥讽。

一个人在犯罪之前，往往居于人为制定的法律之上；
一旦他违背了公序良俗，便会受到法律公正的制裁。

政府是你我之间的契约，而你我常会犯错。

罪恶是需求的别称，抑或是疾病的体现。

难道还有比纠结于他人的过失更大的过失吗？

如果他人嘲笑你，你尽可垂怜他；但若你嘲笑他人，你也许永远不会宽恕自己。
如果他人伤害了你，你也许会忘记这些伤害；但若你伤害他人，你会永远记住这些伤害。
事实上，他人正是你最敏感的自我，而其又寄居在另一副躯壳内。

当你欲借出羽翼助他人翱翔九天，却发现自己羽翼未丰，你是何等轻率！

一次，有人坐在我的餐桌旁，享用我的面包，畅饮我的美酒，临走时却对我施以嘲笑。

之后，他又来乞食，我便拒绝了他；
于是天使们纷纷嘲笑我。

仇恨是一具冰冷的尸骨。你们何人愿做它的坟墓？

被害者为自己并未杀人而庆幸。

人性的捍卫者存在于沉默的心怀里，从不存在于多言的思绪中。

人们认为我疯了，因为我不肯出卖自己的光阴来换取金钱；
我却认为他们疯了，因为他们竟然认为我的光阴可以待价而沽。

他们将成箱的金银、象牙和黑檀木赠予我们，我们则为他们奉献
出自己的心灵和灵魂。
然而，他们却将自己视为主人，将我们视为客人。

我宁愿做一个追逐梦想的无名之辈，也不愿成为一个胸无大志的
伟人。

最可怜的，往往是那些终日追金逐银之人。

我们都在攀登自己心愿的高峰。如果一个登山者偷走了你的行囊
和钱包，而将自己的行囊填满，加重自身的负担，你当同情他；

对他而言，攀登会更加费力，沉重的负担会令他的道路更加漫长。

如果你轻装简行，看到他身姿臃肿，正气喘吁吁地攀爬，请拉他一把吧；这会使你攀登的脚步更加轻盈。

你不可仅凭自己肤浅的认知，轻易评判一位你不了解的人。

我决不会听征服者对被征服者枯燥乏味的说教。

真正自由的人，总会如奴隶般顽强背负起生活的重担。

一千年前，我的邻居对我说："我憎恨生命，生命不过是一件令人痛苦的东西。"
昨天，我路过一个墓地，看见生命在他坟前婆娑起舞。

大自然的纷争，不过是无序在渴望着有序。

孤独是一场无声的风暴，摧毁了我们枯朽的枝叶；
却将我们鲜活的根茎扎进大地深处那生机勃勃的心中。

我同一条小溪谈到大海，小溪却以为我在白日做梦，夸大其词；
我同大海描述一条溪流，大海却认为我在求全责备，贬损他人。

赞叹蚂蚁的忙碌在蚱蜢的歌声之上，这种眼光何其狭隘！

这个世界上最高的美德，也许在另一个世界里最微不足道。

深度和高度只可囿于直线，唯有广袤的空间才可旋转自如。

倘若没有重量和尺寸的概念，我们站在萤火虫面前，也会像面对太阳时一般敬畏。

缺乏想象力的科学家，如同手持钝刀和旧秤杆的屠夫。

不过，既然我们并非都是素食主义者，你该怎么办呢？

饥肠辘辘之人，总是用空空的肚子聆听你的歌声。

死亡距离老人和襁褓中的婴儿一样接近；生命亦然。

如若你必须坦白，就请坦白得干脆些吧；否则请保持沉默，因为我们的一位邻居正在生命的尽头苟延残喘。

也许，人间的葬礼是天上的婚宴。

一个被忘却的现实在被埋葬之前，会在遗嘱中留下七千个事实和真相，以待丧葬之用。

事实上，终其一生，我们不过是在自言自语；但有时，我们讲话的声音会大一些，好让别人也能听见。

人们总忽略那些显而易见的东西，非要等他人指点迷津。

如果银河并非处于我的意识中，我又怎能看到或了解它呢？

倘若我并非物理学家中的佼佼者，人们也不会承认我是一位天文学家。

大海也许会将贝壳定义为珍珠。
时间也许会将煤炭定义为钻石。

荣誉是热情在聚光灯下投射的影子。

花根是对虚名嗤之以鼻的花朵。

一切宗教或科学，都无法超越美而独存。

我所认识的每位伟人，在其天性中都有渺小之处；正是这些渺小之处，防止了他们走向懒惰、狂妄或自杀。

真正的伟人，既不压制他人，也不会受制于人。

我不会仅凭某人杀害了罪犯和先知，就认定他是平庸之人[1]。

忍耐是罹患傲慢之症的爱。

微若蠕虫，会扭转身躯；庞如巨象，也会屈曲四肢，这难道不令人讶异吗？

一场争论可能成为两种思想互相沟通的捷径。

我是烈火，也是枯枝，我的一部分将另一部分消耗殆尽。

我们都在寻找圣山之巅；但若我们以过往的行程为地图和向导，我们的路途岂不会更短吗？

当智慧骄傲到不肯哭泣，严肃到不苟言笑，自满到目中无人，它便只能被称为愚昧了。

我若用你们所知的一切将自己填满，哪里还能容纳你们不知的一切呢？

---

① 一说联想自本丢·彼拉多的事迹。据《新约》记载，本丢·彼拉多是罗马帝国犹太行省总督、罗马皇帝在犹太地的最高代表，曾多次对耶稣进行审讯。迫于仇视耶稣的犹太宗教领袖的压力，他最终判决将耶稣钉死在十字架上。

在健谈的人面前，我学会了沉默；在刻薄的人面前，我学会了宽容；在冷漠的人面前，我学会了善良。然而，奇怪的是，我并不感激这些老师。

偏执者是耳聋的演说家。

嫉妒者的沉默喧嚣无比。

当你到达所知的终点，便会处于感受的开端。

夸张的说辞是激愤的真理。

如果你只能看见光线所揭示的景象，只能听见声音所宣告的消息。实际上，你看不见也听不见。

事实是不分性别的真理。

你无法一边欢笑，一边漠然。

距离我的心最近的，是一位没有国土的国王和一位不懂乞讨的穷人。

一次羞赧的失败比一次骄傲的成功更高贵。

一个人只要怀着农人的信心去挖掘，无论在大地的任何地方，都会寻得宝藏。

一只被二十名骑兵和二十条猎狗追猎的狐狸说道："毋庸置疑，他们终会将我杀戮，但他们是多么可怜、多么愚昧。如果二十只狐狸骑着二十头毛驴，带着二十四匹狼，去追杀一个人，那显然是不划算的。"

我们的理智遵循着我们制定的法律，但我们的精神永远不会向法律屈服。

我是一名旅行者，也是一位航海家。每一天，我都会在自己的灵魂中发现一片新大陆。

一位妇人抗议道："这显然是一场正义的战争。我的儿子在这场战争中光荣地牺牲了。"

我对生命说："我想听死神讲话。"
生命略微提高了嗓音，说道："现在，你已经听到他讲话了。"

当你清楚了生命的一切奥秘，你便会渴望死亡。死亡不过是生命的另一个奥秘。

生与死是勇敢的两种最崇高的表达。

我亲爱的朋友，对于生命、对于彼此、对于自身，
我们将永为陌生人，
直到某日，你讲话，我倾听，
将你的声音视作我自己的声音；
那时，我会站在你的面前，
如同面对一面镜子。

他们对我说："你只有自知，才会知人。"
而我却说："我只有知人，才会自知。"

一个人有两个自我：一个在黑暗中清醒，另一个在阳光下昏睡。

所谓隐士，即鄙弃世界的支离破碎，以便无忧无虑地享受世界之人。

学者和诗人之间，生长着一片绿色的田野；学者若穿越这片田野，便会成为一位智者；诗人若穿越这片田野，便会成为一位先知。

昨日，我看见哲学家们将头脑装在篮子里，在市集上高声叫卖：

"智慧！卖智慧喽！"

多么可怜的哲学家！他们必须出售自己的头脑来供养自己的心灵。

一位哲学家对一名清道夫说："我可怜你。你的差事又脏又累。"
清道夫说；"谢谢你，先生。请告诉我，你是做什么的？"
哲学家回答道："我研究人们的思想、行为和欲望。"
之后，清道夫继续扫起了地，微笑着说："我也可怜你。"

聆听真理的人，并不逊色于讲述真理的人。

只有聪慧且明智的天使，才能在必需品和奢侈品之间划一条清晰的界线。
也许，天使是我们在太空中更成熟的思想。

在托钵僧①心中寻得宝座之人，方为真正的天选之子。

慷慨是尽全力的付出，自尊是有节制的索取。

事实上，你所欠下的，并非某一人的债务，而是所有人的一切。

那些过去与我们生活过的人，如今也和我们生活在一起。诚然，

---

① 原指手持饭钵、靠乞食谋生的宗教苦行者，现指身无财产的修行人。

我们没有人会愿意做一位慢客的主人。

对向往最执着的人往往最长寿。

他们对我说："一鸟在手，胜过十鸟在林。"
但我却说："一鸟在林，一羽在木，胜过十鸟在手。"

你对那自由之羽的追寻，是生命在御风而飞；不，它就是生命本身。

世上只有两个元素，美和真；美存于爱人的心中，真处在农耕人的怀抱里。

大美将我俘虏，一种更宏大的美却将我从其自身的牢笼中释放出来。

相比于在看见美的人眼中，美在渴望美的人心中更为光彩夺目。

我钦佩那些向我倾诉心事的人，我尊敬那些对我披露梦想的人。但在服侍我的人面前，我为何总会忸怩不安呢？

过去，才智之士以侍奉王公贵族为荣。
如今，他们以服务广大穷苦百姓为荣。

天使们知晓：有太多讲究实际的人，会蘸着梦想者额间的汗水吃下面包。

风趣往往是一副面具。你一旦将它扯下，便会发现一种被激恼了的才智或一种伪装的智慧。

聪慧者认为我聪慧，愚昧者认为我愚昧。我想，这两者都是对的。

只有心存秘密之人，才能参透我们心中的秘密。

只肯与你同甘却不愿与你共苦之人，必会丢失打开天堂那七扇门的钥匙之一。

是啊，在你带领羊群去往一片如茵的牧场之时，在你哄孩子入睡之际，当你写下诗的最后一行之刻，世上确有"涅槃"之境界。

远在亲身体验之前，我们已经选好了自己的悲欢。

忧伤不过是两座花园间的一堵墙。

当你的快乐或悲伤变得巨大时，世界便渺小了。

愿望是一半的生命，冷漠是一半的死亡。

今日的苦中之苦，终将成为昨日欢乐的回忆。

他们对我说："你必须在今生的欢乐和来世的安宁之间做出抉择。"

我告诉他们："我既选择了今生的欢乐，也选择了来世的安宁。因为我心中知晓，世界上最伟大的诗人，只写过一首诗。这首诗既清新雅致，又声韵协调。"

信仰是心灵的绿洲，思想的驼队永远无法抵达那里。

当你抵达人生的巅峰，你会渴望新的愿望，也会渴求饥饿之感，更会渴念干渴之需。

假如你向风倾诉自己的秘密，便不应责怪风将你的秘密吐露给树林。

春日的花朵，是天使们在早餐桌边所谈的冬天的梦想。

臭鼬对夜来香说："瞧！我跑得多快。而你既不会跑步，也不会爬行。"

夜来香对臭鼬说："哦！最高贵的飞毛腿，请快些跑开吧。"

乌龟比兔子更清楚路况。

奇怪的是，无脊椎生物往往拥有最坚硬的外壳。

能说会道的人最愚蠢，演说家和拍卖师一般无二。

你应当感谢的是，自己不必靠父亲的声望或叔父的财富生活。
但你最应当感激的是，没有人必须靠你的生命或财富活着。

只有当杂技演员未能接到球时，他才能吸引我的目光。

嫉妒我的人在不知不觉中赞颂了我。

你是存于母亲梦乡中的一个久远的梦，之后她醒来，将你生下。

人类的胚芽在你母亲的愿望中萌发。

我的父母渴望一个孩子，于是他们生育了我。
我渴望一对父母，于是便创造了黑夜和大海。

有些孩子使我们的人生更加圆满，有些孩子则成为我们人生的遗憾。

夜幕降临之时，你若心中忧郁，就躺下尽情地忧郁吧。

清晨来临之际，你若仍心中忧郁，就站起身来，坚定地对白昼说："我依旧心中忧郁。"

同黑夜和白昼演戏，这种行为何其愚蠢！

他俩都会取笑你。

被薄雾笼罩的山峰并非丘陵；雨中的橡树也并非流泪的垂柳。

看！这里存在一个悖论：深和高之间的距离，比其各自与水平线之间的距离更近。

当我如同一面明镜般站在你的面前，你会凝视着我，从我的眼眸中看到自己的轮廓。

之后，你说道："我爱你。"

但实际上，你爱我眸中的自己。

当你享受爱邻居的感觉，这种爱就不再是一种美德了。

缄默无形的爱往往日渐趋于灭亡。

你无法同时拥有青春和知识；

只因青春忙于生活，无暇探索知识；知识忙于探求自己，无暇顾及生活。

你可以静坐窗边，望着来来往往的行人。也许，你会看见一位修女朝你右手边走来，还有一位妓女朝你左手边走来。

或许，你会天真地说："这一位是多么高洁，另一位是多么卑贱。"

你若闭目静听片刻，便会听到天空中的一声低语："一位在祈祷中寻求我，另一个在痛苦中寻找我。在二人的灵魂中，都存在一座供奉着我灵魂的殿堂。"

每一个世纪，拿撒勒①的耶稣都会同基督教的耶稣在黎巴嫩山间的一座花园里晤面长谈。每当拿撒勒的耶稣向基督教的耶稣告别时，祂总会说道："我的朋友，恐怕我们永远不会意见统一。"

愿上帝喂饱那些穷奢极欲之人！

一位伟大的人有两颗心：一颗心淌血，一颗心宽容。

倘若有人说了谎言，但并未伤害到你和他人，何不在自己心里说：他用以安置真相的房子太小，难以容纳他的幻想，于是不得不将

---

① 以色列北部区城市，位于历史上的加利利（加里肋亚）地区，相传为耶稣基督的故乡。

这幻想寄放在更大的空间内。

在每扇紧闭的门后，都有一个被封印七层的秘密。

等待是时间的马蹄。

如若麻烦是你家东墙上新开的一扇窗户，你当如何呢？

你也许会忘记那位与你一同欢笑之人，但永远不会忘记那位与你一起哭泣之人。

盐中一定蕴藏着某种奇异的圣物。它也存在于我们的眼泪和海水中。

上帝在祂慈悲的干渴中，会将我们视为露水和泪珠饮下。

你仅仅是自身"大我"的一块碎片，一张寻求面包的嘴，一只为干渴的唇举杯畅饮的盲目的手。

倘若你能在种族、国家和自我之上再高一尺，你便会成为上帝般的存在。

如果我是你，我绝不会在退潮时指责大海。

船行得很稳妥，我们的船长精明干练；只是你有些水土不服。

我们可望而不可即的东西，往往比我们已经拥有的东西要更矜贵。

你若有幸坐在云端，视线便不会被国与国之间的界线所阻挠，也不会被农田与农田之间的界石所遮挡。

可惜，你无法高坐云端。

七个世纪前，七只白鸽从深谷飞向雪山之巅。目睹此景的七人中，有一人说："我看见第七只鸽子的翅膀上有一个黑斑。"

今日，那片山谷的人们说，曾有七只黑鸽从此处飞至雪山之巅。

秋日，我将一切悲伤收集起来，埋葬在我的花园里。

四月来临，春回大地，在我的花园里，各色繁花竞相盛放。

我的邻居们来赏花时，纷纷对我说："当秋日再度来临，万物结籽，你可否将这些花的种子分给我们些，好让它们为我们的花园添彩？"

倘若我向人乞讨却一无所获，那诚然悲惨；倘若我若同人布施却无人接受，那更为绝望。

我期待来世。在那里，我会遇见我未写成的诗句和未作完的画。

艺术是自然通往无限的云梯。

艺术品是已雕镂成形的薄雾。

就连编织荆冠的手，也好过无所事事的手。

我们眼中最圣洁的泪水，永远不会寻找我们的眼睛。

人人都是历代已故国王和奴隶的后裔。

如果耶稣的曾祖父知道自己体内隐藏了什么，难道他不会对自己肃然生敬吗？

难道犹大之母对儿子的爱不及圣母玛利亚对耶稣的爱吗？

我们的兄弟耶稣有三个奇迹尚未被载录于《圣经》中：第一，祂是与你我一样的普通人；第二，祂幽默风趣；第三，祂虽曾被他人征服，但也是一位征服者。

被钉在十字架上的人啊，你也被铭刻在我的心上；那穿透了你手掌的钉子，也刺穿了我的心房。

明天，当一位异乡人从各各他山边经过，他不会懂得，有两人①曾血溅此山。

他会以为那是一个人的血。

也许，你听说过那座圣山。

那是这个世界上最高的山。

倘若你到达山顶，你心中只会产生一个愿望，那便是下山，来到那片最深的山谷，和居住在那里的人们一起生活。

这就是它被称为圣山的缘由。

每个幽禁在我文字中的思想，都必将被我以实际行动释放。

---

① 指耶稣和作者纪伯伦。

泪与笑

造　物

上帝从自身分离出精魂，将之塑造成美的化身，并慷慨地赐予她优雅的外表和仁慈的心灵。祂为她斟满一杯幸福之酒，说道："饮下此酒，忘记过去和未来吧，幸福就在当下。"之后，祂又递给她一杯悲伤之酒，说道："饮下这杯酒，你会洞悉生命中那些转瞬即逝的幸福真谛，置身于无处不在的悲伤中。"①

上帝赐予她爱，当她初次为尘世的满足而赞叹时，这爱便烟消云散；上帝赐予她甜蜜，当她首次意识到奉承之词时，这甜蜜便化为泡影。

上帝将上天的智慧植入她心灵深处，使她看到不曾领略过的一切；为她注入对万物的热爱与怜悯之情，指引她走上正途；为她披上天使用彩虹和希望编织的彩衣；并将她置于孕育着生命和光明曙光的

---

① 在《圣经》中，酒既是上帝的赐予，带来欢乐与喜悦，又是有潜在危险的饮物，带来无知、罪孽与滥用。

斑驳暗影下。

接着，上帝从愤怒的火炉中引出烈火，从愚昧的沙漠中掳来强风，从自私的海岸边搬来尖锐的沙石，从岁月的双脚下捧起粗糙的泥土，将之混在一起，塑造了人类[1]。祂赐予人类盲目的权力，这权力肆虐起来，使他们陷入癫狂，直到他们的欲望之火熄灭；祂赐予他们生命，这生命也是死亡的幽灵。

上帝悲喜交加。祂对人类充满无限仁爱和怜悯，并以一路的指引来庇护他们。

---

[1] 据《圣经·创世纪》记载，上帝把地上的尘土塑成人形，之后将空气吹进他的鼻腔里，于是他就成了有精魂的活人，取名亚当。

两个婴儿

一位国王站在宫殿的阳台上，对聚集在庭院中的人们呼唤道："朕向尔等报喜，也向我朝道贺——王室添丁了！这位新王子将为王室光宗耀祖，也将成为你们的骄傲。他将继承列位先祖留下的基业，为我朝开创出辉煌的未来。让我们一起高歌，为王子庆生吧！"人们欢呼雀跃，欢快的歌声直入云霄，热烈庆祝王子的降生，哪怕他日后会成为手握生杀大权的专制统治者，以残酷的权力掌控弱者的命运，肆意奴役他们的肉体，纵情摧残他们的灵魂。为了这样的命运，人们竟会欢歌劲舞，觥筹交错。

此时，这个王国中的另一位婴儿降生了。人们不惜摧眉折腰、趋炎附势，为未来的暴君歌功颂德，只有天使为那些命途多舛的可怜人哭泣。在一间破败的茅屋里，一个病重的女人陷入了沉思。她躺在一张硬邦邦的床上，已经饿得奄奄一息了。在旁边的，是她那刚出生的婴孩，被裹在破旧的襁褓中。人们对这位年轻女人不闻不问，命运注定她一生穷困潦倒。一天晚上，残忍的暴君将她的丈夫迫害致死。从此，她孑然一身。也就在那天夜里，上帝为她送来一位小人儿。这个小人儿捆住了她的手脚，使她没有工作，无法生活。

当众人散去，四周寂静如初，这位可怜的母亲将婴儿放在膝上，望着他的脸失声痛哭起来，仿佛要用泪水为他洗礼。

在饥饿中，她有气无力地对婴儿说道："你为何要离开灵魂的世界，来和我分担尘世的痛苦？你为何抛弃天使和广袤的苍穹，来到人间这个充满痛苦、压迫和冷漠的悲惨之地？我能给你的，只有一捧辛酸的泪水；泪水能代替乳汁将你喂饱吗？我缺乏绫罗绸缎来庇护你的身体；我赤裸又颤抖的手臂能温暖你的身体吗？小动物们可以在牧场上吃草，之后安然回到它们的棚子休息；小鸟们可以啄食种子，然后安眠于树枝之间。可你，我亲爱的孩子，除了一位慈爱却贫穷的母亲，你一无所有啊！"

之后，她将婴儿紧紧抱在自己干瘪的胸前，仿佛欲将两副躯体合二为一，回到从前的时光。她目光灼灼，缓缓望向天空，放声哭喊："上帝啊！求您怜悯我们这些不幸的人儿吧！"

这时，乌云散去，皓月当空。月光穿过那间茅屋的窗户，倾泻在两具冰冷的尸体上。

幸福的家园

我疲惫的心儿向我告别，去往幸福的家园。当他抵达那灵魂蒙受祝福和敬拜的圣城时，他并未找到自己心中久久向往的一切，于是茫然失措了。在这个城市里，权力、金钱和权势并不存在。

我的心儿对爱的女儿说："哦，爱啊！我在哪里能找到满足？我听说，她曾在此地与你为邻。"

爱的女儿回应道："满足已经离开了。这里不需要她，因此，她去往了一个充斥着贪婪和腐败的城市，宣扬她的福音。"

幸福并不渴望满足。幸福是尘世的愿望，常伴有追寻的目标；而满足则是对现状的感恩，此外一无所求。

永恒的灵魂永不会满足；它将永远寻求无上的完美。然后，我的心瞅着美的生活，说："美啊，请用你渊博的知识，向我揭示女人的秘密吧。"他回答说："哦！人心啊，女人是你自身的映射，你是什么，她便是什么；你在哪里，她便在哪里。当没有愚昧的人曲解，她便如同宗教般圣洁；当没有漫天乌云遮蔽，她便如同月亮般明净；当没有风沙和杂质的荼毒，她便如同清风般爽朗。"

我的心朝向知识——爱与美的女儿走去，说道："请赐予我智慧吧，好让我将它带到人们那里去。"

她回答说："你要知道，智慧就是幸福。真正的幸福并非来自外界，而是源于生命最圣洁的心灵深处。所以，与众人分享你的心灵吧！"

诗人的死就是生

　　寒夜降临，白雪纷飞，城市银装素裹。人们闭门取暖，街上行人稀少。北风疾驰过花园，留下满目疮痍。在城郊处，一座行将被积雪压塌的茅屋里，一位垂死的青年①躺在一张破床上，盯着油灯发出的昏暗灯光。在漏风的茅屋中，灯光忽明忽暗。在风华正茂之年，他已然能充分预见到，从生活的魔爪中解放的宁静时光即将来临。他满怀感激地等待着死神的造访。他苍白的面庞映照着希望的曙光，他的唇边荡漾起释怀的微笑，他的眼眸中闪耀着慈悲的光芒。

　　他是一位诗人。如今，在这座富裕的城市里，他就要在饥饿中殒命了。在凡尘俗世里，他以至真至善的诗句鼓舞着人们的心灵。女神孔科耳狄亚②赐予他高尚的灵魂，以抚慰和温暖人类的精神。他欣慰地向这寒冷的人间告别，却没能看到冷漠的凡人有一丝微笑，何其可悲！

---

① 作者以自身为原型构造的人物。初到美国时，纪伯伦曾居住在波士顿最穷苦、最肮脏的贫民窟中。
② 罗马神话中的女神，主要掌管人民的和谐、和睦和国家的和平与安定。

他呼吸着生命中最后一口气，身旁只有一盏油灯，那是他孤寂中的慰藉；一页页羊皮纸上，满载着他用心声写就的诗篇。他耗尽余力朝天振臂，拼命转动眼珠，几欲穿透屋顶欣赏隐藏在乌云后的繁星。

他说："哦，来吧！美丽的死神，我的灵魂已渴望你许久。来到我身边，为我解开生活的枷锁吧，我早已厌倦了它们。哦，来吧！甜美的死神，快将我从邻居当中解脱出来吧。他们将我视为异己，只因我曾将天使的语言解释给他们。哦，快来吧！和平的死神，请将我从人群中带走。他们已经将我抛弃，遗忘在黑暗的角落，只因我未像他们一般荼毒弱者。哦，来吧！温柔的死神，让我投入你温暖的怀抱中吧，我的同伴已不需要我。哦！充满仁爱和怜悯的死神，请紧紧地拥抱我；让你的双唇紧贴我的双唇，我从未品尝过母亲的吻，从未触摸过姐妹的脸颊，从未爱抚过爱人的指尖。请带我走吧！亲爱的死神。"

顷刻，这位诗人的病榻边出现了一位天使。她手持百合花环，举手投足间自有一种超凡而神圣的美。她拥抱着他，为他合上眼帘，以便他用灵魂的眼睛看待一切。她默默赠给他深刻、漫长而温柔的一吻，他的唇边泛起满足的微笑，久久不退。刹那间，茅屋里空空如也，只有几页一文不值的诗稿散落在地上。

辗转数百年后，当这座城市的人们从愚昧中苏醒，瞥见知识的曙光时，他们在城中最美的花园里竖起一座纪念碑，年年举办盛典，以纪念这位用诗歌解放他们灵魂的诗人。呵！人类的无知何其残忍！

罪　犯

　　一位年轻人坐在路边行乞。他原本身强体壮，如今却饿得瘦骨嶙峋。在饥饿和屈辱中，他一遍遍向所有过往的行人伸出双手，不断乞求他们的怜悯，向他们诉说着自己生活的不幸。

　　夜幕降临，他已口干舌燥，肚子和两手却仍旧空空如也。

　　他奋力起身，朝城外走去，随即坐在树下痛哭起来。当饥饿吞噬他的内脏，他抬起困顿的双眼，仰天长啸："哦！上帝啊，我去财主那里找活干，他们见我衣衫褴褛，将我撵走；我敲过学校的大门，结果却被拒之门外，只因我空手而来；我寻遍了所有工作，只求糊口，但都无济于事。在极度的绝望中，我只得去乞讨。但上帝啊，你的崇拜者们却对我议论纷纷：'他孔武有力，却好吃懒做，不应得到施舍。'

　　"哦！上帝啊，我的母亲遵照您的意志将我生下，而如今，在末日尚未来临之际，这残酷的世间便要将我遣返您的身边了。"

说到这里，他面色骤变，突然起身，眼里闪现出坚定的目光。他从树上折下一根又粗又重的棍子，指向城里大喊："我耗干嗓门索要食物，却被人们无情地拒绝。既然无法自食其力，我便以怜悯和仁爱之名讨口饭吃，人们却对我置之不理。今后，我将以邪恶之名去夺取自己想要的一切！"

随着岁月的流逝，这位年轻人最终沦为灵魂的强盗、杀手和毁灭者；若有人胆敢反对，他便排除异己，将其挫骨扬灰；渐渐地，他积累了惊人财富，达到了富可敌国的程度。他为同行所敬佩，为小偷所羡慕，为民众所畏惧。

他的财富和淫威受到埃米尔①的嘉许，他因而被任命为市长——愚蠢的官员们纷纷重蹈他不堪的覆辙。盗窃行为随之合法化；压迫穷人被官方准许；杀戮弱者成为家常便饭；人们竞相溜须逢迎，世风日下。

人类就是如此标新立异！人类的自私，使良善之辈沦为狂徒罪犯，使和平之子变成杀人凶手；人类最初的贪婪会蔓延爆发，终以千百倍的力量反噬人类！

---

① 原意为"继任者""当权者"，伊斯兰教国家对上层统治者、王公贵族、军事长官等的尊号。

幸福之歌

我同爱人坠入了爱河。

他渴望我，我迷恋他。

然而，何其不幸！

一位第三者插足了我们的爱情，

使我们二人饱受折磨。

这位名曰"物质"的情敌，

个性冷酷强势，徒具诱惑。

她常如哨兵般监视着我们的一举一动，

与我们寸步不离，

令我的爱人惴惴不安。

在林中，在树下，在湖边，

我呼唤着爱人的名字，

他却无迹可寻，

物质已使他意乱情迷，

将他的心魂勾往那纸醉金迷的城市。

我用知识和智慧的歌声将他呼唤，

他却无法听到我的声音，

物质已然将他引入牢狱，

那是自私和贪婪的巢穴。

我在知足的领地将他遍寻，

最终却只能顾影自怜，

因为我的情敌手持苦痛的金链，

早已将他锁在贪婪无度的洞穴。

黎明时分，在初现的晨光里，

我高声疾呼，

他却充耳不闻，

只因放纵已腐蚀了他昏沉的双眼。

傍晚万籁俱寂，群芳入睡时，

我呼唤着他，

他没有回应，

只因他的内心已充满对未知的恐惧。

我的爱人对我恋恋不舍；

在行动中寻找我的存在。

但唯有得到上帝的应允，
他才会知晓我身在何方。
在用弱者砌成的光辉大厦里，
他搜寻我的踪迹；
在用金银财宝堆成的金库里，
他对我轻声呼唤；
但只有在爱河之畔，
在上帝搭建的简陋小屋里，
我们才能相聚一堂。

他欲在金库前与我热吻，
但只有身在阵阵清风里，
他才可触及我的双唇。

他邀我分享他惊人的财富，
我却不会放弃上帝的财产；
更不会脱去身上美的外衣。

他用满嘴的谎言与我沟通，
我则寻求两人心灵的交流。
他曾经在那逼仄的牢房里伤透了心；
我会拼尽所有的爱来修补他的心灵。

从"物质"这位情敌那里，

我的爱人学会了尖叫和哭泣；

我会教他用灵魂的眼睛为万物流下真挚的泪水，

并在泪水中发出满足的叹息。

我是恋人的命中注定，

也愿他成为我的归属。

雨之歌

我是上帝从天堂撒下的银丝。

大自然拥我入怀，装饰她的山谷和田野。

我是伊斯达①女神王冠上美丽的珍珠，

黎明的女儿将我摘下，

缀满一座座花园。

一座座山丘，在我的哭泣声中欢笑；

一朵朵花儿，在我低头时眉飞色舞；

一切的事物，在我敬礼时欣喜若狂。

田野和云朵双双坠入爱河，

---

① 美索不达米亚宗教所崇奉的女神，亦即是苏美尔人的女神伊南娜和闪米特人的
女神阿斯塔蒂，在古代巴比伦和亚述宗教中象征金星，司爱情、生育、丰收和
战争，在苏美尔人的艺术作品中常与狮子（力量的象征）一起出现，手中持有
谷物。

我为他们传递爱情的书札。

我缓解了云朵迫切的渴望；

又抚慰了田野无尽的相思。

滚滚的雷声预示着我的来临，

绚烂的彩虹宣告着我的离去。

我如同红尘俗世中的生命，

在盛气凌人的物质的铁蹄下孕育，

在死神挥扬的翅膀下湮灭。

我从海底升起，

翔于天际。

每当干旱的田野映入眼帘，

我便零落成千万点雨滴，与花儿和树木相拥。

我伸出柔软的手指轻叩门窗，发出清脆的声响，

那声音汇成一首歌曲，回响在所有人的耳畔。

但只有心思缜密之人才会理解其中的深意。

大气的炎热滋生了我莹润的形体，

我却反过头来驱散了大气的炎热，

如同女子借助男子之力打败男子。

我是大海的叹息，
是田野的笑声，
是天空的眼泪。

爱情也和我一样——
是感情的海底发出的叹息，
是灵魂的旷野传来的笑声，
是回忆的天堂涌动的泪水。

诗　人

他是今生和来世之间的纽带。
他是干渴的灵魂畅饮的清泉。

他是生长在美神河边的嘉树，
结出饥饿心灵所渴望的硕果；

他是树林深处自由鸣啭的夜莺，
用美妙的歌声安慰落魄的灵魂；
他是飘浮于天空中的朵朵白云，
在不断上升和聚集中遮天蔽日；
化作甘霖，润泽生命的田野，
促使百花竞相盛放，沐浴阳光。

他是上帝派遣下凡的天使，
以宣扬天堂的福音为己任；
他是一盏熠熠生辉的油灯，

同黑暗和冷风顽强地较量。

爱神伊斯达为它添满灯油，

太阳神阿波罗将它徐徐点燃。

他茕茕孑立，形影相吊，

以淳朴为衣，以善良为裳；

他坐在大自然的膝上汲取灵感，

在深夜的寂静中期待灵光乍现。

他是一位辛勤的农夫，

将心灵的种子撒在爱情的草原上，

成长为供人们秋天收获的谷物。

这便是诗人——他在世时，人们对他不闻不问；

只有当他告别尘世、魂归天国时，人们才会承认他的价值。

这便是诗人——所求不过人们的莞尔一笑。

这便是诗人——他的精神仿佛云霞般升腾，他笔下灿烂的诗句点

亮整个苍穹；

而人们却否认他的光芒。

这群昏庸之徒，何时才会从昏睡中醒来？

这帮乌合之众，何时才会停止讴歌那些一朝得势的市井小人？

这等无知之辈，何时才会正视那些使他们看见灵魂之美、分享爱与和平的人？

这些愚昧之人，

何时才能不再直到那些生活在痛苦中，却如同蜡烛般燃烧自我，

为众生照亮前行之路的人死后，

才去纪念他们？

啊！诗人，你是生命的灵魂，

岁月虽然坎坷，你却青春永驻。

啊！诗人，你终会赢得民心，

即便你会逝去，你的王国将长盛不衰。

啊！诗人，瞧你头顶的荆棘冠①，

已被月桂花蕾悄悄挂满。

---

① 指《新约圣经》中记载的耶稣受难时所戴的冠冕。罗马士兵将耶稣带到总督府庭院，强行把用荆棘编成的王冠戴在他的头上，以此对他施以嘲讽。

笑与泪

　　太阳从花园里撤回金色的余晖，月亮把柔美的月光洒向花朵。我坐在树下注视着这瞬息万变的天空，透过层层树枝仰望满天繁星。它们如同一枚枚闪闪发光的硬币散落在蔚蓝色的地毯上；远处的山谷间，隐约传来小溪潺潺的流水声。

　　夜鸟归巢，花儿也合拢了睡眼，四处一片寂静。这时，一阵沙沙的脚步声从草地上传至我的耳边。我回头望去，只见一对青年男女迎面走来。他们坐在一棵大树下，他们看不到我，我却能清楚地看见他们。

　　男子朝四周张望一番，随后对女子说道："亲爱的，请坐在我身边，听一听我的心跳；尽情地欢笑吧，你的幸福象征着我们美好的未来；让我们一起欢乐吧，岁月因我们的邂逅而流光溢彩。"

　　"我的灵魂告诉我，你心中尚存怀疑，而对爱情的怀疑就是一种罪过呀！不久，月光下这片广阔的土地，将会成为你的私产；不久，你将会成为我宫殿中的女主人，所有的侍从和女仆都将对你唯命是从。

"微笑吧，亲爱的，如同父亲金库中的金子般对我微笑。

"我的心禁不住要对你倾诉衷肠。我们将在旅游中欢度蜜年，带上数不清的金钱，在瑞士湛蓝的湖边漫步，在意大利和埃及的古老宫殿里观光，在黎巴嫩神圣的香柏树①下休憩，连高贵的公主也会妒忌你一身华贵的珠宝和衣饰。

"我将为你奉献以上的一切，你可会满意？"

不一会儿，我看到他俩脚踩着鲜花慢慢行走，如同富人的脚在践踏穷人的心。直到他俩从我眼前消失，我开始掂量爱情和金钱在人们心中的地位。

金钱是万恶之源！一切不忠之爱、不义之行、不洁之水和不甘之死，皆由金钱而生。

我浮想联翩，茫然不解。这时，又有一对年轻男女从我身边走过，坐在不远处的草地上，脸上纷纷流露出别样的绝望和忧虑。他们离开附近田野间的农舍，来到这个凉爽又安静的地方。

---

① 又称"上帝之树"或"神树"，是完美、向上、尊贵、生命的象征，在《圣经旧约》中被提及70多次。在圣经时代，生长于黎巴嫩山区的香柏树是由耶和华栽种的，被用来建造圣殿的材料。黎巴嫩的香柏树，学名"雪松"，树干高大，寿命极长，木质坚硬，气味芳香，被称为"植物之王"，同时也是黎巴嫩的国树。

一阵寂静过后，我听到那位男子从粗糙的双唇间吐出的话语和叹息："请不要流泪，亲爱的；爱情使我们目似明镜，心若菩提。它赋予我们坚韧的品性，抚慰了我们余生的岁月。在山盟海誓中，我们进入爱情的殿堂；在困顿的逆境里，我们的爱情将永远茁壮成长；为了捍卫我们的爱情，我们甘愿忍受一切艰难困苦和生离死别。我必将对抗这不公的命运，直到出人头地，将财富和地位奉献在你的手中，一起欢度我们余生的旅程。

"爱情——将和上帝一起——悦纳我们的叹息和泪水，如同享用祭坛中燃烧的熏香。祂也会为此赐予我们勇气和力量。再见了，我亲爱的；月亮消失前，我该走了。"

之后，我听到一声轻柔的声音。那声音夹杂着爱情的炽热、离别的痛苦和永恒的甜蜜。她说："再见，我亲爱的。"

他们分开了。他们重逢的悲歌被我心中的哀号扼杀了。

这时，我凝视着沉睡的大自然，深深思索，发现其中存在着一种浩大无边的事物——它不为权力屈服、无法靠声望获取，也无法用财富购买。它不会被时间的泪水抹去，也不会因无尽的悲伤而消逝；即便在瑞士蓝色的湖泊和意大利古老的宫殿里，人们也无法发现它的踪迹。

　　它持之以恒地积蓄着力量，在逆境中生长，在严冬里散发温暖，在春天里茁壮成长，在夏日里送去凉风，在秋日里结下硕果——它便是爱情。

梦

在田野中，在清澈的小溪边，我看见一只鸟笼。它是经能工巧匠的双手精心编织而成的。在笼子的角落处，躺着一只死去的小鸟，另一个角落里放着两只罐子，一只罐子中的水已被喝干，另一只罐子中的谷粒已被吃光。我虔敬地站在那里，仿佛那只死去的小鸟和淙淙的溪水声中有金玉良言，值得我深深的默许和尊重。

我全神贯注地思考着眼前的景象，发现这个可怜的生物虽在溪水边，却死于干渴，虽在富饶的田野——生命的摇篮里，却亡于饥饿，如同一位被锁在金库里的富翁，饿死在成堆的黄金中。

我看到，眼前的鸟笼突然变成人类的骷髅，死去的鸟儿变成一颗人心，那颗心上有一道深深的伤口，仿若一位忧伤女子的嘴唇，从中流淌出红红的鲜血。随后，伤口处传来一个声音，说："我是人心，是物质的囚徒，是人间法律的牺牲品。"

"在上帝创造的美丽的田野中，在生命之河的岸边，我被囚禁在人类用法律编织的笼子里。

"在上帝创造的缤纷世界里，人们禁止我享受上帝的恩赐，我因而默默无闻地死去。

"依照世俗之见，唤醒我的爱与向往的一切美的东西都是可耻的；根据人们的成见，我所渴望的一切善良的事物都是可鄙的。

"我是迷失的人心，被人们用法律建造的肮脏地牢囚禁；用权威锻造的铁链束缚；以麻木谱写的笑声杀戮并遗忘。人们却对我的遭遇缄默不言，视而不见。"

我听到的这些话，来自一颗鲜血淋漓、伤痕累累的心。

他仍在讲话。我却泪眼模糊、号啕不止，再难视听了。

两种死亡

夜深人静，死神从天堂来到人间，在城市上空盘旋。他目光如炬，透过一间间屋顶，看见一个个乘梦想遨游的灵魂和一个个被梦魇折磨的躯体。

当淡月隐去，城市陷入一片黑暗，死神在街道上小心翼翼地行走着，最终来到一座宫殿前。他登堂入室，无人阻拦。随后，死神站在那位富翁的床边，抚摸他的前额。这时，富翁骤然惊醒，大惊失色。

看到眼前的景象，他不禁惊惧万分、气急败坏地大叫起来："哦！离我远点儿，这可怕的噩梦；快滚开些，你这恐怖的鬼影。你是谁？你是怎么进来的？你想干什么？作为这个宫殿的主人，我要求你马上离开此地，否则，我将命令奴仆和守卫将你碎尸万段。"

接着，死神用轻柔而沉闷的嗓音说："我是死神。站起身来，向我鞠躬道歉。"

那人回答道："你想怎么样呢？我的事情还没有做完，你来这里做什么呢？我尚且身强体壮，你要干什么呢？你还是去找那些身体虚弱的人，将他们带走吧！

"我厌恶你血淋淋的利爪和空洞洞的面孔，走吧，别让我再看到你干瘪的翅膀和枯槁的躯体了。"

片刻的不安和沉寂过后，他又说道："哦，不，仁慈的死神！请不要介意我刚刚说过的话，那完全是我因惊慌过度而胡言乱语。

"我可以拿成堆的金子，或者数位奴仆的灵魂同您交换，只求您高抬贵手、饶我一命。我还有许多账尚未算清，还有许多债没有讨完，还有许多货船尚未抵达港口。这一切请尽管拿去，只求您能放过我。死神啊，我还有许多妻妾，个个美若天仙，我可以将她们作为礼物，任您挑选。您听我讲，死神啊，我还有个独生子。他是我的至爱，是我今生唯一的快乐之源。请将他带走吧，我愿做出最大的牺牲，只求您饶过我吧！"

死神低声说道："你并不富有，而是可怜的穷人。"之后，死神牵着那位尘世奴隶的手，取走他的真魂，将教化真魂的重担交给天使。

死神在贫民窟里缓缓行走，随后来到一件最破败的茅屋前，之后推门而入，走到一张床边。床上躺着一位正在酣睡的少年。死神抚摸着他的眼睑，他立刻醒了过来。看见死神正立于身侧，他顿时双膝跪地，怀着一腔爱慕与思念之情，说："美丽的死神啊！我就在此处。请将我的灵魂带走吧，您是我梦中的希望、毕生的心愿！拥抱我吧，哦！亲爱的死神，仁慈的死神，请不要将我丢在这里。您是上帝的信使，请将我带去天堂。您是不灭的真理，是慈悲的心灵，请不要将我抛弃。

"多少次，我曾祈求您的降临，却未能如愿；多少遍，我苦苦追寻您的踪迹，您却对我避而不见；多少回，我呼唤着您的名字，却从未听见您的答复。如今，您终于听到了我的祈求——请拥抱我的灵魂吧，亲爱的死神！"

死神将一只温柔的手放在少年的嘴唇上，取走他的真魂，将它放在自己的翅膀下，妥善地保管着。之后，他转身飞向天空，俯瞰着这大千世界，低声告诫世人：

"只有回归永恒的人，才能在人间找到永恒。"

今与昔

一位财主在自己宫殿的花园中散步，烦恼在他身后如影随形，忧虑充斥着他的头脑，如同一只秃鹰盘旋在一具尸体上。随后，他来到美丽的湖边，欣赏着四周宏伟的大理石雕像，一切烦恼瞬间烟消云散了。

他坐在湖边，一会儿注视着那些喷泉——水流从雕像口中倾泻而出，好似情人脑海中自由涌现的思绪；一会儿思索起自己那座在山间的宫殿——那宫殿虽富丽堂皇，却像一块丑陋的胎记般，耸立在少女俊俏的脸颊上。正当他陷入幻想中时，往昔的回忆如同一页页书卷，在他脑海中翻动。他阅读着回忆的书页，泪水模糊了他的双眼，使他无法欣赏人类在大自然中留下的微弱痕迹。

他回想起往昔如神仙般快活的生活，内心充满惋惜之情，直到再也无法遏制自己的痛苦，他大喊道："昨日，我曾在那翠绿的山谷间牧羊，享受生活的闲适；吹笛奏乐，意气风发。今天，我已成为贪欲的囚徒。我身陷在金钱的无底洞中，各种浮躁和不安随之而来，最后是极度的不幸。

　　"昨日，我曾如小鸟般欢歌不止，在林中翩翩起舞。今天，我已成为变幻的金钱、社会的规则和城市习俗的奴隶，靠遵守人们制定的那些怪异而狭隘的规矩来呼朋引伴、取悦他人。昨日，我无忧无虑，享受着生活的馈赠；但今天，我发现自己像一只负担沉重的野兽，被金钱压垮了脊梁。

　　"如今，那辽阔的原野、欢歌的溪流、纯净的清风，还有那亲切的大自然在何处呢？

　　"我的上帝又在何方？我已经失去了一切！除了那令人悲伤的孤独、令人自卑的金钱、背地里诅咒我的奴隶，以及那座葬送幸福而又令人赞叹的宫殿，我已一无所有了。

　　"昨日，我和牧女并肩徜徉在草原和山丘上；美德是我们的伴侣，爱情是我们的欢乐，月亮是我们的守护神。今天，我身边尽是一些粗陋不堪、靠出卖色相来换取珠宝的女人。

　　"昨日，我无忧无虑，与牧羊人分享着生活的乐趣。我们一起分享美味、一同在田野间放羊牧牛，一起为心中的真理欢歌热舞。而今天，置身于人群之中，我发觉自己像一只在狼群中的羔羊，因畏惧而瑟瑟发抖。当我走在路上，他们用憎恨的神情盯着我，带着轻蔑和嫉妒对我指指点点；当我偷偷溜进公园，浮现在我眼前的，是一张张眉头紧锁的脸。

　　"昨日，我虽身无分文，却幸福无比；今天，我虽腰缠万贯，却一筹莫展。

"昨日，我是一个快乐的牧羊人，观望着手下的一群群牛羊，如同一位仁慈的君王在欣赏着一件令人满意的艺术品。今天，我已成为金钱的奴隶。正是这些金钱，将我所知的生活之美蚕食殆尽。

"原谅我，我的法官！我没想到，金钱会使我的生活化为碎片，将我带至残酷而愚昧的深渊。我认为的荣华富贵，却是永恒的地狱。"

他疲惫地站起身来，缓步向宫殿走去，不停感叹道："这就是人们所说的财富吗？这就是我侍奉并崇拜的上帝吗？

"这就是我在人间的追求吗？为什么我无法用它换取一丝一毫的幸福呢？谁能以一吨金子的价格，卖给我一种美好的思想？谁愿以一把宝石作为条件，卖给我片刻的爱情？谁会带走我金库中的所有财宝，赐予我一只可以看清人心的眼睛？"

当到达宫殿门口时，他转身看着这座城市，好像当年的耶利米①凝视着耶路撒冷。他举起手臂，悲哀地喊道："哦！你们这万恶之城的人们，直到何年，你们才能不再急功近利、颠倒黑白、胡说八道、生活在黑暗之中？直到何月，你们才愿洗去生活的污秽，认真打理生

---

① 《圣经》中，犹大国灭国前，最黑暗时期的一位先知，《旧约圣经》中《耶利米书》《耶利米哀歌》《列王纪上》及《列王纪下》的作者。他深谙犹大国背叛上帝后所注定的凄惨命运，却无法改变他们顽劣的心，因而被称为"流泪的先知"。

活的花园？直到何日，你们才会脱去破烂窄小的衣衫，披上大自然为你们精心缝制的霓裳？智慧的灯光愈来愈暗，是时候为它加满灯油了；幸福的屋舍已然坍塌，是时候对它进行重建并修葺了；无知的盗贼偷走了你尘封的宝藏，是时候将它再次取回来了。"

一个穷人出现在他面前，伸手向他乞讨。财主看向他，颤动的嘴唇随即张开，眼中流露出温柔的目光，脸上浮现出善意的微笑。恍惚之间，他在湖边追忆的往昔正向他招手。于是，他和乞丐深情相拥，将大把的金子塞入乞丐的手中，用真挚的话语表达自己的关爱之情。他叮嘱道："明天，你和你的同伴们一道前来，将你们的钱财全都拿回去吧。"

这时，他踏进宫殿，说道："生活中的一切，皆有其存在的意义；即便金钱，也能给人以教训。金钱好像琴弦，不通乐理的人只能用之弹奏出刺耳的噪音。金钱好似爱情，一毛不拔之人只会被其渐渐杀死，陷入深深的痛苦之中；唯有慷慨付出者，金钱才会赐予他新生。"

致责难者

责难我的人啊！切莫来打搅我的清净，
你们灵魂中仍有男女之爱和忠孝之情。
离开吧，别管我这颗暗自垂泪的心灵。

别管我，让我在梦的海洋中扬帆远航！
请你耐心等待翌日的第一缕曙光降临，
只因明日可以随意地对我审判和裁定。
你的忠告不过是一片百无一用的暗影，
只会致使人们的灵魂辱没在坟墓之中，
将生活变得如同泥土一般板结和僵硬。

我体内有一颗小小的心脏。
我总剖开自己的胸膛，将它放在我的手掌上，
对它的秘密寻根问底、审视端详。
责难我的人啊！切莫用你锋利的箭头瞄准它，
使它大惊失色，躲进胸膛，却未能倾吐它的秘密，

也未能实现它为自身信仰而牺牲的使命——
那是上帝用美和爱创造它时所赋予它的。

旭日东升，夜莺在歌唱，
桃金娘吐露着芬芳，
我欲将自己从昏睡中唤醒。
责难我的人啊！切莫呵斥我，
也莫用林中的狮子和山谷间的毒蛇来恐吓我，
只因我的灵魂不知大地上的恐惧为何物，
也不会在灾难来临之前未卜先知。

责难我的人啊！切莫向我说教连篇。
只因灾难使我的心灵皓洁如月，
泪水使我的目光清澈如许，
错误教会我沟通心灵的语言。

责难我的人啊！切莫轻言将我流放，
我的良知会对我做出公正的审判。
若我无罪，它自会证明我的清白，
若我有罪，它也会不惜让我偿命。

爱的队伍正向前行进；
美的旗帜正随风飘扬；

青春吹响欢快的号角；

责难我的人啊！莫要阻止我忏悔，

让我走吧，这一路上繁花似锦、香草茂盛，

空气中弥漫着醉人的馨香。

责难我的人啊！莫要讲什么功名利禄，

我的灵魂早已丰盛充盈，溢满了上帝的荣光。

责难我的人啊！莫要再谈论人民、法律和国家，

于我而言，此心安处即为家，四海之内皆兄弟。

责难我的人啊！请离我远些吧。

你无关痛痒、老生常谈的说辞，

正在无形之中吞噬着我的生命。

死亡之美

召唤

请让我安息，爱情已使我的灵魂如痴如狂。
请让我长眠，我的精神已尝遍岁月的艰辛；
请在我的灵床四周点亮蜡烛、燃起焚香，
将茉莉花和玫瑰花的花叶撒在我的身上，
用乳香为我的发丝防腐，用香水为我的双足添香，
细细品读死神之手在我额头上写下的字句。

请让我酣睡，我那睁开的双眼早已疲惫不堪；
请拨弄七弦琴的银弦，慰劳我失落的灵魂；
奏起竖琴和竹笛，为我枯朽的心灵披上面纱。

当你仔细端详起我眼中的希望之光，
请将挽歌唱起，用那迷人的词句为我的心灵铺设灵床，

好让它有个落脚之处。

我的朋友们，快把眼泪擦干，然后抬起头来，
如同花儿们举起花冠，迎接黎明的到来。
看啊！死神像一座桥梁，将我的灵床和苍穹连在一起；
请屏住呼吸，和我一同听她洁白的翅膀沙沙作响。

请走到我身边，同我依依惜别；
用微笑的嘴唇，亲吻我的双眼。
让孩子们用柔软而红润的手指握住我的双手跳舞；
让老人们将粗糙的手掌轻抚我的额头，为我祈福；
让少女们来到我身边，欣赏上帝在我眸中的影子，
倾听祂的意志在我生命弥留之际发出仓促的回声。

攀登

我越过一座山峰，
我的灵魂在无边无际的天空中翱翔；
我的同伴们！我已远去了，
云雾将山丘的轮廓遮蔽。
山谷如海洋般寂静无声，
一双被遗忘的手，将道路和房屋吞没；
草原和田野在如幽灵般的白雾里若隐若现——

那画面白若春云，黄如烛光，红如夕阳。

海浪的颂歌随着溪流的赞诗散落一地，
澎湃的人潮渐渐停息，四周一片寂静；
唯有永恒的声音久久萦绕在我耳畔，
与我灵魂的渴望谱写为和谐的曲子。
我一袭白衣胜雪，神情安详而平和。

遗骸

请脱去我身上白色的亚麻尸衣，
为我穿上茉莉和百合花叶制成的衣衫；
请将我的遗体从象牙棺材里抬出，
让他酣睡在柑橘花瓣做成的枕上。
莫要为我哀叹，而请为我歌唱起青春和欢乐的舞曲；
莫要为我流泪，而请为我吟诵起丰收和美酒的赞诗；
莫要为我唏嘘，而请在我脸上刻下爱和欢乐的符号。
莫要用颂歌和安魂曲搅碎空气的静谧，
而请用你们的心灵和我齐唱永生之歌；
莫要披上黑色丧服为我哀悼，
但请身穿彩衣与我一同欢笑；
莫要提起我的离去便心痛不已，
闭上双眼，你将和我永远同在。

请将我安置在绿叶丛中，

之后抬在肩头，缓步走向那荒凉的森林。

莫要将我安葬在那拥挤的墓园，

尸骨磕碰之声会使我不得安宁。

请将我抬到那茂盛的柏树林中，

在紫罗兰和虞美人的交界之处，

为我挖掘一座独属于我的坟墓；

请将我的墓坑掘得深些，以免洪水将我的尸骨冲至开阔的山谷；

请将我的墓坑掘得大些，以便薄暮的倩影前来陪伴我坐到天明。

请将我身上的尸衣全部脱去，

将我安葬在大地之母的深处；

请将我轻轻放在母亲的胸前。

用柔软的泥土掩住我的身体，

让每一捧土都混合着茉莉、百合和桃金娘的种子；

当它们在我的尸体上方茁壮成长，

并从我的尸体内汲取营养而绽放，

它们便将我心灵的芬芳洒向天空；

将我尸身不朽的秘诀禀报给太阳；

它们在清风中摇荡，宽慰过往的行人。

朋友们！现在，你们可以离我而去了——请悄无声息地离开吧，

如同静谧行走在空旷的山谷，不作一丝响动；

请将我一人留给上帝，之后便各自缓缓归去，

如同尼散月①的微风将杏花和苹果花吹落枝头。

快回到家中，欣然而乐吧！

在这里，你会发现死神也无法从你我手中夺去的那些东西。

请离开这里吧，

你在这里所发现的东西，意义远非仅限于这凡尘俗世的一切。

请离我而去吧……

---

① 希伯来历的一个月份，为犹太教历一月、犹太国历七月，长达30天，对应公历的
3月至4月间。《圣经和合本》常将之译作"正月"或"亚笔月"。

诗人之声

第一部分

　　慈善的力量在我内心深处播种，我将那成熟的麦子收获，送给那些饥肠辘辘的人们。

　　我的灵魂给葡萄藤以生命，我将成串的葡萄酿成美酒，送给那些口干舌燥的人们。

　　上苍为我的灯盏注满灯油，我将它放在窗前，为夜间过往的行人照亮前行的道路。

　　我之所以做这一切，皆因我为此而生；如果命运将我的手脚束缚，阻止我做这些，死亡将成为我唯一的夙愿。我是一位诗人，如果无法为他人付出，我将拒绝接受他人的馈赠。

人类如风暴般肆虐，而我则默默地叹息。我深知：风暴终将过去，而叹息终会传至上帝的耳边。

人类执着于尘世的一切，我则永远寻求爱的火炬。如此，爱的火焰便会将我净化，除去我心中的暴虐。

人类在物欲纵横中无声无息地死去，爱则用痛苦令他们起死回生。

人类被划分为不同的种族和部落，分属于不同的国家和城镇。然而，于所有地方而言，我皆为异客；于一切居所而言，我皆为外人。宇宙是我的祖国，人类的家庭是我的部落。

人类的力量何其渺小，他们竟还要彼此分裂，这实属可悲！这世界何其狭窄，竟仍要被划分为王国、帝国和省份，这何其愚蠢！

人类聚集起来，一起摧毁灵魂的圣殿，联手为他们尘世的身躯建造大厦。我独自站立，听见自己内心深处的希望之声说道："当爱令一个人内心充满痛苦时，无知便会告诉他求知的道路。"痛苦和无知带来狂欢和知识。人类这至高无上的存在，并未在阳光下无所事事。

第二部分

我怀念我的祖国，只因那里有壮美的山河；我热爱我的同胞，只因他们生活在水深火热之中。但是，如果我的同胞们站起来，为他们所谓的"爱国主义精神"所驱使，入侵邻国，烧杀抢掠，无恶不作，对其他民族犯下惨绝人寰的暴行时，我将憎恨我的祖国和同胞们。

我唱起对故乡的赞歌，渴望回归童年的家园；但若我的家人拒绝庇护并供养无助的旅人，我的赞美将化为愤怒，我的渴望将化为遗忘。我将在心中默念："不能庇护无助者的房子，不如就此毁灭。"

我爱我的故乡，那是我祖国的一部分；我爱我的祖国，那是地球的一部分，她们都是我的挚爱；我全心全意地爱着地球，因为她是人类的避风港，上帝精神的体现。

人性是降临在人间的神性。它站立在废墟之中，用褴褛之衣遮掩着自己赤裸的躯体，用悲惨的声音呼唤着它的孩子，沧桑的脸颊上流下滚烫的泪水。然而，孩子们正忙着唱他们的国歌，打磨着手中的利剑，丝毫听不到母亲的哭喊。

人性呼唤着其所属的人们，他们却充耳不闻。如果有人听到人性的呼唤，为母亲擦干眼泪，安慰她受伤的心灵，一旁的人们便会对他指指点点："他立场很不坚定，过于感性了。"

人性是降临在人间的神性，是上帝宣扬的仁爱和慈悲，人们却对这神圣的教义嗤之以鼻。拿撒勒人耶稣听到了神性的呼唤，却未能逃过被钉上十字架的宿命；苏格拉底听从了神性的声音，人们却命他服毒自尽。他们的信徒皆听从了神性，这些人即便逃过一死，却难以杜绝人们的嘲讽，嘲笑比杀戮更残忍。

然而，耶路撒冷无法毁灭拿撒勒人的灵魂，雅典无法扼杀苏格拉底的思想；他们二人因而仍活于世间，并永生不灭。嘲笑无法击败上帝的信徒。他们的队伍必将发展壮大，并生生不息。

第三部分

你是人，也是我的兄弟，我们是同一位圣灵的儿子；我们由同样的泥土塑造而成，因此生而平等。

你是我人生道路上的伙伴，你助我理解了真理隐藏的意义。你生而为人，这便足够，我将与你亲如兄弟，情同手足。

你可以对我评头论足。未来会对你进行裁决，你说过的话将成为确凿的证词，不容置辩。

你可以剥夺我所拥有的一切，那不过是我的贪婪敛积的财富。如果这些财富能使你满足，你将踏上本应属于我的末路。

你可以随心所欲地处置我，但却永远无法触及我的真理。

你可以放干我的血液，烧毁我的肉体，却永远无法伤害我的灵魂分毫。

你可以用手铐和铁链束缚住我的手脚，将我囚禁在黑暗的监狱里，却永远无法奴役我的思想，只因我的思想如那自由的清风，徜徉在无边的天际。

我爱你，为我们的同门之谊。我爱你在教堂里的礼拜，我爱你在寺庙里的跪拜，我爱你在清真寺里的祈祷。你我皆是同一宗教的教民，各式的教派恰如相连的五指，生长在神灵那慈悲的手掌上。袖们蔓延至众生的所在，充盈着世人的灵魂，殷切地包罗着世态万千。

我爱你心中的真理，那是由你所学的知识提炼而成的；即便无知的我无法窥见这真理，我仍尊其为一种神圣的存在，只因它是精神的契约。来世，我们终将邂逅，如同花香融合一体，我们心中的真理将合而为一。这真理纯粹而持久，存于爱与美的永恒之中。

我爱你！只因你在强势的压迫者面前，软弱不堪；你在贪婪的富人面前，一贫如洗。为此，我不禁潸然泪下，对你百般抚恤；透过我的泪水，我看到你正与正义紧紧相拥，对迫害你的人施以微笑和宽恕。你是我的兄弟，我爱你。

第四部分

你我本为手足，为何却争论不休？你为何入侵我的祖国并试图征服我，以此取悦那些寻求荣耀和威望的外人呢？

你为何抛妻弃子，对那些以你的鲜血换取荣耀的人俯首帖耳，对那些以令堂的泪水换取尊名的人唯命是从，随死神来到这片遥远的土地？

难道手足相残是一种荣誉吗？如果你认为的确如此，就请为弑弟的该隐建造一座神庙，让其成为一种敬拜仪式吧。

难道明哲保身是自然界的第一定律吗？若真如此，为何贪婪会不惜敦促你自杀，只为借此伤害你的兄弟呢？我的兄弟，请当心那些统治者的说辞："不灭的爱，迫使我们剥夺人民的权利！"我却要对你说："捍卫他人的权利是人类最高尚的行为；如果生存迫使我杀害他人，死亡将成为我的荣幸；在走向死亡的道路上，如若无人送我最后一程，我会毫不犹豫地亲手了却自己的生命，赴往那永恒的世界。"

我的兄弟，自私是自傲的根源，自傲催生宗族，宗族创造权威，权威导致混乱与战争。

在灵魂深处，知识和正义的力量远胜于无知：它否认滋生无知和压迫的权威——这权威如利剑般，摧毁了巴比伦昔日的辉煌，撼动了耶路撒冷坚固的地基，将繁华的罗马夷为平地。正是在这种权威的压迫下，人们称罪犯为伟人；作家们江郎才尽，荣光不再；史学家们将那些丑恶的事迹记作史书中光荣的一笔。

我唯一捍守的权威，是世间法律的正义。

当权威杀害所谓的凶手，囚禁所谓的强盗，在邻国烧杀抢掠时，权威彰显了何种正义？在权威的默许下，当凶手惩罚凶手、小偷惩罚小偷时，权威在正义面前又算什么呢？

你是我的兄弟，我爱你；爱不容亵渎，只因它是极度的正义。倘若正义阻止我爱你，则无论在哪处部落和社区，我都将是一个骗子，将纯真的爱意掩盖在自私丑陋的外衣之下。

结语

我的灵魂是我的益友，在痛苦和绝望的生活中予我以安慰。不与自身灵魂交友的人，也是全人类的敌人；在自己心中寻不到人类指引的人，会在绝望中灭亡。生命源于内心，而非始于外界。

我若有所言表，便会一吐为快。然而，倘若死亡使我欲言又止，这些话将被未来揭露。在永恒的书卷里，未来总会无所不言。

我来往于爱的荣耀和美的光芒，在上帝的倒影中繁衍生息，人们永远无法将我流放在生命的土地之外。他们深知，我将生活在死亡的阴影下。即使他们剜去我的眼睛，我仍将听见爱的低语和美的歌声。

　　即使他们塞住我的耳朵，我仍将沐浴在爱与美的芳香中，享受微风的抚慰。

　　即便他们将我置于真空之中，我仍将与我的灵魂——爱与美的儿女生活在一起。

　　为了人世间的芸芸众生，我来到此地，与他们共度余生。今天，我在孤独中所做之事，将于明日为人们争相效仿。

　　此刻，我用一颗心说出的话，将于明日被许多颗心说出。

爱的生命

春

亲爱的，春天来了！让我们在山丘上散步，

让脚下的白雪化为一江春水。

生命从沉睡中醒来，游荡在山峰和山谷之间。

让我们随着春的足迹，走进远方的田野，

登上山峰，在绿色草原上微凉的春风里汲取灵感。

春天的晨光舒展开冬日叠好的衣裳，

于是桃树和橘树便打扮得花枝招展，

如同盖德尔之夜①娇艳无比的新娘。

---

① 伊斯兰教传统节日，一般于伊斯兰教历斋月（九月）某夜举行。引申意为前定、
高贵之夜。据伊斯兰教传述，真主安拉在这夜始降古兰经文。

春日的葡萄藤如情人般拥抱彼此，

溪流在岩石之间起舞，高歌不止；

百花在大自然的心间悄然绽放，

如同大海中央涌现的朵朵浪花。

亲爱的，来吧！让我们饮下百合花杯中冬日的最后一滴泪水，

在鸟儿的音符中抚慰我们的灵魂，

在令人陶醉的微风里欢快地漫步。

让我们坐在长满紫罗兰的石头旁；

如花儿一般交换彼此甜蜜的热吻。

夏

亲爱的，让我们奔向田野，

太阳的光芒正将谷物催熟，

丰收时节即将来临了！

当爱的种子在我们心灵深处生根发芽，

在灵魂的滋养下结出幸福的谷粒，

就让我们一同照看大地的果实！

当生活用无尽的恩赐填满我们的心田，

就让我们用大自然的产物装满谷仓！

让我们以鲜花为席，以天空为盖，

以柔软的干草为枕而同眠。

在一天的劳作之后，让我们放松心情，

一起聆听溪流的空谷绝响！

秋

让我们到葡萄园里采集葡萄，酿造美酒，

将酒汁装入古旧的花瓶里，

如同灵魂将世代的知识封存在永恒的容器中。

让我们回到我们的居所，

狂风已将黄叶吹落一地，

为夏日的残红披上一身黄色的衣衫。

归家吧，我永生的挚爱！

鸟儿们已告别这杳无人烟的冰冷荒原，

结伴踏上朝圣之旅，飞往那温暖的远方。

茉莉花和桃金娘抽干了泪水。

让我们离开吧，疲惫的小溪已停止歌唱；

汩汩的泉水已耗尽不竭的眼泪；

变幻的山丘也褪去了一身华服。

来吧，我亲爱的！大自然只是疲倦了，

她正轻唱起安静和惬意的旋律，
同世界热情地告别。

冬

再靠近些，哦！我一生的伴侣；
再靠近些，莫让严冬的气息深入我们之间。
让我们相互依偎在炉前，
火焰是冬日唯一的果实。

何不同我细说你心中的荣光？
那将比门外的尖叫更加嘹亮。
让我们关上房门、插好门闩吧，
以免天空的愠色抑制我的神思，
雪原的脸庞迫使我的灵魂落泪。

为灯盏注满灯油，令它永不熄灭，
将之放在你的身边，
让我在泪光中读懂岁月在你容颜刻下的痕迹。

带上秋日的美酒，
让我们举杯共饮，以歌声纪念那无忧无虑的春播、夏长和秋收
时节。

靠近我，哦，我灵魂的爱侣！

火焰渐熄，隐匿在灰烬之下。

请抱紧我，为我驱散心中的孤寂；

油灯昏暗，我们将在醉意微醺中合上睡眼。

在长眠之前，让我们深情对视。

在美梦将我们的灵魂合一之前，

让我们的手臂互绕、紧紧相拥。

亲爱的，请赠予我深情的一吻！寒冬已经偷走一切，唯有我们的双唇温暖如初。

你离我好近，我永恒的伴侣！

安眠的海洋深不见底、一望无际，

黎明须臾可及！

波浪之歌

坚韧的海岸是我的挚爱，
而我是他守护的心上人。
爱情将我们结合在一起，
月亮却使我们天各一方。
我与他匆匆相遇又别离，
在离愁中期待再度相聚。

我沿着蓝色的地平线迅速游走，
将洁白的浪花拍在他金色的沙滩上，
使我们的光芒混为一体。

我为他解渴，浸润他的心田；
他抚慰我心，化解我的戾气。
黎明，我对他许下爱情的誓言，
于是他将我紧紧拥入怀中。

黄昏，我为他唱起希望之歌，
将温柔的吻印在他的脸庞；
我生性焦躁又胆小，他却为人安静，耐心而周到。
他广阔的胸怀抚慰了我的不安。

潮水来临时，我们彼此相拥，
当潮水退去，我忙跪地祈祷。

多少次，当美人鱼从海底升起，
在我的浪尖上休憩，欣赏漫天繁星，
我围绕着她们曼妙的身影翩跹起舞；
多少次，当听到失落的恋人抱怨自身的渺小，
我陪伴他们发出爱情的叹息。
多少次，我笑抚着硕大的岩石，
但却从未听到他们欢快的笑声；
多少次，我从海里托起溺水的灵魂，
将他们温柔地带至我心爱的海岸上。
他从我身上汲取力量，赐予他们。

多少次，我将海底的珍珠偷走，
将它们送给我心爱的海岸。
他沉默不语，将这些珍珠悉数收藏，
我却仍旧对他以珍珠相赠，

只因他永远对我笑脸相迎。

在漆黑的夜晚，
当一切生灵寻到沉睡的幽灵时，
我彻夜无眠，唯有正襟危坐，
时而歌唱，时而叹息。

啊！无眠使我憔悴！
我却笃信爱情，至死不渝。
此情虽会被岁月冲淡，
却永生不灭。

和　平

一阵狂风过后，无数的枝丫折断一地，田间的谷穗低下头颅。夜空中繁星点点，如同闪电残留的碎片。此刻，万籁俱静，仿佛暴风雨从未发生。

一位少妇走进房间，趴在床头痛哭不已。最终，她将心中充斥的怨念诉诸言语："哦，上帝啊！请让他平安归来吧。我已经流干了眼泪。哦！上帝啊，仁爱慈悲的上帝啊，我已心如刀绞，耗尽了耐心。哦，上帝啊！请您让他摆脱战争的魔爪，从残酷的死神手中救他一命。他不过是一介弱者，被强者奴役的弱者。哦，上帝！救救他吧——他本是您的子孙，求您从敌人手中救他一命，那同样也是您的敌人。请让他远离那条通往死亡之门的道路；请让我们相见，将他带到我的身边，或者将我带到他的面前。"这时，一位年轻男子走进来。他的头颅裹着沾满血迹的绷带，浸透着一个幸存的生命。

他喜极而泣，朝她走近并问好，随后拉起她的双手，放在他炽热的嘴唇上。他说道："不要害怕，我正是你朝思暮想的人儿。请高兴些吧，和平将我安全地带回你身边来，人性已经归还了贪婪从我们身边拿走的一切。亲爱的，笑起来吧，不要悲伤，不要困惑，爱情的力量足以将死神驱散，爱情的魅力足以战胜敌人。这就是我呀！不要以为我是一个幻影，一个从死神之乡出发来造访你美丽家园的幻影。"那语气中夹杂着过往的悲伤、重逢的喜悦，还有些许的不安。

"不要害怕，我是真理，出身于刀山火海之中，只为向人民宣示：爱情胜过战争。我的话语，将为你们的和平与幸福作序。"

说到这里，他顿时沉默无言，唯有晶莹的泪水诉说着他的心声，欢乐的天使们在那间房子上空盘旋，两颗相爱的心重温起阔别时失去的幸福。

黎明时分，两人并肩站在田野中央，沉思着大自然在暴风雨过后的残缺之美。一阵心照不宣的沉默之后，士兵对爱人说道："瞧！太阳正从黑暗的夜空中孕育而生。"

在岁月的游乐场上

对美和爱的片刻追寻，胜过卑微的弱者为强者加冕的世纪荣光。

这一刻，人类的真理如奇迹般诞生；那一世，人类的真理在梦魇的折磨中昏睡。

这一刻，灵魂亲眼发现了自然的法则；那一世，她将自己囚禁在人造的法律中，被冰冷的铁网所束缚。

这一刻，是谱写雅歌①的灵感源泉；那一世，是摧毁巴勒贝克神庙②的盲目力量。

① 出自《旧约圣经》，诗歌智慧书第五卷中的首句："所罗门的歌，是歌中的雅歌。"按照希伯来文的逐字译法来释义，雅歌是"歌中之歌"，即精妙绝伦的歌。

② 黎巴嫩名胜古迹，始建于公元前2000多年。"巴勒贝克"意为"太阳之地"。相传，这座神庙是腓尼基人因敬拜太阳神巴勒而修。它不仅是罗马当时的祭祀中心，也是罗马帝国鼎盛时期的代表建筑之一。现位于黎巴嫩境内贝卡谷地外山麓，贝鲁特东北80多公里，海拔约1160米。

这一刻，圣山的启示悄然降临；那一世，帕尔米拉城堡①和巴比伦塔②于轰然毁灭。

这一刻，穆罕默德圣迁新城；那一世，安拉、各各他和西奈被世人遗忘。

对弱者命运的片刻哀悼和哀叹，贵于对权力的世纪贪婪和僭越。

这一刻，心灵被悲伤之火净化，又被爱的火炬点亮。

那一世，对真理的渴望被大地之心埋葬。

这一刻，种子在大地深处生根发芽。

---

① 帕尔米拉是叙利亚沙漠上的一片绿洲，位于大马士革的东北方，是古代最重要的文化中心之一，保存大都市的许多纪念性建筑，有着2000多年历史。作为叙利亚的一张国家名片，帕尔米拉古城的艺术和建筑能够把古希腊罗马的技艺与本地的传统及波斯的影响巧妙地融合在一起，因而被誉为"沙漠新娘"。

② 又称巴贝尔塔、巴别塔，或意译为通天塔，本是犹太教《塔纳赫·创世纪篇》（又被称作《希伯来圣经》或者《旧约全书》）中的一个故事，关于人类产生不同语言的起源。在"大洪水"发生后，一群讲同种语言的人从东方来到了示拿地区，决定在这里修建一座城市和一座通天的高塔；上帝发现后，于是把他们的语言分化，使他们无法相互理解对方的意图，并把他们分散到世界各地。

这一刻，是极致的冥想，是神圣的祈祷，是那崭新而美好的时代。

那一世，是尼禄①因贪恋尘世之物而荒废的年华。

这就是生活。

她被岁月的舞台演绎，被人间的史书记载，在陌生的异乡久居，最终却只得到片刻的称颂。而这一刻，却如同一颗宝石，被永远珍藏。

---

① 罗马帝国朱里亚·克劳狄王朝的最后一代皇帝，公元54年至68年在位。尼禄被他的叔公克劳狄乌斯收养并成为他的继承人。公元54年，在克劳狄乌斯死后，尼禄继任古罗马帝国皇帝。

在死人城中

昨日，我离开喧嚣的人群，信步在恬静的田野，来到一片景色宜人的山丘上，呼吸着这清新的空气。

我回头望去，只见整个城市笼罩在工厂的烟雾之中，宏伟的清真寺和高楼大厦尽收眼底。

我静下心来思索着人们的使命，却只能得出结论：人们的一生中充满了抗争和艰辛。接着，我停止了对人们——亚当的子孙的思索，转而将目光投向田野——上帝那荣耀的宝座。在田野一个僻静的角落里，我看见一片被白杨树包围的墓地。

在死人城和活人城之间，我陷入了沉思。永恒的沉默过后，无尽的悲伤向我袭来。

在活人城中，我寻找到希望与绝望、爱与恨、喜与悲、富裕与贫穷、忠诚与背叛。

忧伤不过是两座花园间的一堵墙 · 泪与笑

在死人城里，大自然在寂静的夜晚将地底的泥土转化为植物，接着将植物转化为动物，最后将动物转化为人类。正当我陷入这种种思考之中时，一支队伍从我身边缓慢而虔敬地走过，哀伤的旋律充斥满天空。这是一场豪华的葬礼。一具死尸被抬在队伍前方，一群活人紧随其后，为他的离世号啕不已。

当队伍行至墓地，牧师们纷纷焚香祈祷，乐队纷纷吹曲奏乐，悼念那位逝去的人。不一会儿，主持葬礼的人们一个个走上前来，用华美的辞藻为死者致悼词。

许久过后，人们才散去，将死者安葬在坟墓里。那座坟墓宽敞精美，以石头和钢铁雕刻而成，昂贵的花圈在坟墓四周交错环绕。

我只身留在原地，远远望着那支送殡的队伍返回城中，轻声自语道："日暮西斜，大自然将要入睡了。"

这时，我看到两个壮汉抬着一口木棺材，一位衣衫褴褛的妇人抱着一个婴儿紧随其后，还有一只狗在他们身后穷追不舍。那只狗眼神忧郁，时而看着那位妇人，时而盯着那口棺材。

这是一场简陋的葬礼。在这冷漠的世间，只有一位悲痛欲绝的妻子，一个哇哇大哭的婴儿，还有一只忠诚的狗知晓死者的离去。

184

到达墓地后，他们将棺材安置在远离灌木丛和大理石的沟中，对上帝简单说了几句话后便离开了。当那一小群人消失在树后时，只有那只狗转过身去，恋恋不舍地望向那座坟墓。

我朝活人城望去，自言自语道："那个地方，只属于少数人。"接着，我朝死人城望去，自言自语道："那个地方，也只属于少数人。哦，上帝啊！哪里才是众生的立身之地呢？"

话间，我抬头望向天空，只见太阳的余晖为晚霞镶上一道金边。这时，一个声音在我心头说道："在那边！"

孤儿寡母

夜幕降临，大雪覆盖在黎巴嫩北部圣谷卡迪沙①周围的村庄、田野和草原上，仿佛一张巨大的羊皮纸，大自然时而在这张纸上奋笔疾书，写下自己的诸多事迹。街上的行人纷纷归家，夜晚被寂静吞噬。

在村庄周围一座孤零零的小屋里，一位妇人坐在火炉边织毛衣。她唯一的孩子坐在她身旁，一会儿盯着炉里的火焰，一会儿望向这位母亲。

一阵隆隆的雷声响起，小屋摇摇欲坠，小男孩顿时吓得心惊胆战。他连忙伸出双臂抱住母亲，在她的怀抱中寻求慰藉，以躲避大自然的怒气。她把他搂在胸前，亲吻他的脸颊，随后将他放在膝上，说道："不要害怕，我的孩子。大自然只是在用人们的弱小衬托其自身的威力。在飘落的雨雪、浓密的乌云和呼啸的狂风之外，还有一种至

---

① 黎巴嫩最深最美的河谷。在这片旷野的底部，卡迪沙河在陡峭的峡谷中穿梭，其源头在雪松山脚下的卡迪沙石窟中。河谷的上方，是黎巴嫩最高的山峰——著名的雪松山。

高无上的存在。袖洞悉大地的渴求，对弱者心存怜悯，因为正是袖创造了一切。

"我的孩子，请勇敢些。大自然在春日里微笑，在夏日里狂喜，在秋日里叹息，如今在冬日里哭泣了。他用那冰冷的泪水，滋润着泥土之下的生命。

"睡吧，我亲爱的宝贝！你的父亲正在永恒之地眺望着我们。冰雪和闪电使我们相距得更近了。

"快休息吧！亲爱的。这条洁白而冰冷的雪毯，让种子被温暖在大地的怀抱。当尼散月来临时，繁花将会在杂乱的泥土之上绽放。

"我的孩子，人生也是如此，唯有历经哀伤和别离、等待和绝望之后，才会收获甜蜜的爱情。睡吧，我的孩子！不必畏惧暗夜和寒风，美梦终会造访你的灵魂。"

小男孩睁开疲倦的双眼，看着他的母亲说："妈妈，我困得眼睛都睁不开了，但我必须祈祷之后才能上床睡觉。"

妇人看着他天使般的脸庞，顿时泪眼模糊，说道："来，我的孩子，跟着我说——'上帝啊，请怜悯穷人，使他们免受冬天的寒冷；请用你仁慈的手掌温暖他们单薄的身体；请看看那些睡在茅屋中，饱受饥饿和寒冷之苦的孤儿们。哦，上帝啊！请听听那些寡妇们无助的呼唤吧，她们无时无刻不在为孩子们担惊受怕。哦，上帝啊！请打开众生的心门，让他们感知到弱者的痛苦。请怜悯那些走投无路的受难者，请带领远方的旅人去往温暖之地。哦，仁爱慈悲的上帝啊！请照看那些羸弱的小鸟、茂密的树木和静谧的田野，使它们免受风暴的摧残。'"

当男孩沉睡后，他的母亲将他轻轻放在床上，用颤抖的嘴唇亲吻着他的眼睛，之后转身又坐回火炉边，继续为他织起毛衣。

灵魂之歌

在我灵魂的深处，

一首无言之歌的种子在我心里回响。

它拒绝融于墨水，无法被书写在羊皮纸上；

它将我真挚的感情裹挟在透明的外衣中，

却唯独不在我唇间流动。

我该如何将它唱起，

才可避免混浊的空气玷污它唯美的意趣？

我应将它与谁轻诵，

才不会令挑剔的耳朵打搅它灵魂的屋宇？

每当望向内心的眼睛，我总会看见它那阴影的阴影；

每当触摸自己的指尖，我总会感觉到它不住的颤动。

手掌滑落之时，它好似静谧的湖泊，映照着夜空闪耀的星光；

泪水奔流之际，它如同晶莹的露水，揭示了玫瑰枯萎的秘密。

这首歌——

由冥想创作，

经沉默发行，

被喧嚣回避，

被真理占有，

被梦想重放，

被爱情理解，

被觉醒珍藏，

被灵魂歌唱。

在该隐和以扫①的口中，这首爱情之歌该是何种旋律？

何种嗓音能驾驭它茉莉般的芬芳？

何种琴弦能表现它圣洁而动人的秘密？

何人敢教大海的咆哮和夜莺的啼鸣合一？

何人敢将惨烈的风暴和婴儿的叹息相较？

何人敢令心头的词句肆意地诉诸言语？

何人敢把上帝的乐音宣之于凡人的唇齿？

---

① 据《圣经·创世纪》记载，以扫和雅各是以撒和利百加所生的双胞胎。哥哥以扫身强体壮、体毛浓密、心地直爽、擅长打猎、深受父亲以撒喜爱；弟弟雅各则性格安静，常在帐棚里，更得母亲利百加的青睐。以扫为了"一碗红豆汤"，便随意将长子的身份"卖"给了雅各。后来，兄弟二人为了继承权反目成仇，但最终言归于好。

花之歌

我是大自然不断念起的亲切辞藻；
是从草原蓝色天幕上滑落的流星。
我是孕育于冬天、降生于春日的女儿；
我伏在夏天膝上，安眠于秋日的温床。

黎明时分，我与微风一同宣布光明来临；
夜幕降临，我与鸟儿们一起向光明告别。

平原上点缀着我斑斓的色彩，
空气中弥漫着我醉人的芳香。

入睡之时，无数的夜晚之眼注视着我的床榻，
清醒之后，我则凝视着太阳——白昼的独眼。

我聆听着鸟儿的啼叫，以露水代酒而饮，
跟随青草的律动，摇摆起我柔软的腰肢。

我是爱人的礼物，是婚礼上的花环；
我是人们记忆中那美好的幸福时刻；
我是生者送给死者人生最后的礼物；
我是参半的快乐，带着参半的忧伤。

我只抬头仰望天空的阳光，
却从不低头看自身的影子。
这是人类必须掌握的智慧。

爱之歌

我是爱人的眼眸，是精神的美酒，是心灵的沃土。

我是黎明时分绽放的玫瑰，少女吻了我，将我放在她的胸前。

我是幸福之屋，是快乐之源，是和平与安宁的开端。

我是人们俏丽的唇边那一抹温柔的微笑。

在少年之际，人们无忧无虑，

一生都是甜蜜而美好的梦想。

我是诗人的狂喜，

是艺术家的启示，

是音乐家的灵感。

我是孩子心中的圣地，被慈悲的母亲顶礼膜拜。

我倾听心灵的哭声，我无视无理的要求，

我全力满足心灵迫切的渴望，

我极力回避声音空洞的要求。

我通过夏娃找到亚当，
流亡是他今生的宿命：
而我向所罗门透露了自己的行踪，他从我的存在中汲取了智慧。

我对那位摧毁了塔尔瓦达①的海伦娜②女神微笑；
又为埃及艳后加冕，令和平主宰尼罗河谷。

我如同那变幻的时代——靠牺牲明日来获取今天；
我如同一位天上的神灵，创造万物，又摧毁一切；
我比紫罗兰的叹息更加甜美；
也比那狂风和暴雨更加暴烈。

礼物无法收买我的灵魂，
离别无法叨扰我的思绪，
贫穷无法跟上我的脚步，
嫉妒无法侵占我的意识，
疯狂无法证实我的存在。

啊，寻求真理的人们！我便是你们心中孜孜以求的真理；
你们对真理的追寻、接纳和捍卫，将决定我该如何存在。

---

① 古城邦名，位于埃及西奈半岛或亚历山大港附近。
② 罗马帝国皇后，君士坦提乌斯一世的妻子。她有名的事迹是在274年生君士坦丁一世，以及在基督宗教传说中找到了真十字架。她在天主教及正教会都被视作圣人。

人之歌

我生于此处，从未与此地分离，
亦将永留此处，直至末日降临，
因这伤心的人与此地缘分未尽。

我漫游在广袤的天空中，飞翔在理想的世界里，飘荡在宏伟的苍穹上。
而在此地，我不过是丈量世界的囚徒。

我曾坐在知识树下的佛陀身边，
聆听孔夫子的谆谆教诲；
学习婆罗门的无穷智慧；
而在此地，我却与无知和异教徒为伍。

当耶和华到达摩西时，
我正在西奈半岛，于约旦见证拿撒勒人的奇迹；

当穆罕默德来访时，我则位于麦地那①。

而在这里，我不过是困惑的囚徒。

随后，我目睹过巴比伦的宏伟，

领略过埃及古老的光辉，

体会过罗马战争的激烈。

然而，我早已通过先天的教导，

知晓了这些伟业的软弱和不堪。

我曾与杜艾因②的魔术师侃侃而谈，

我曾与亚述③的牧师放言高论，

我曾向巴勒斯坦的先知讨教思想的深度。

然而如今，我仍在寻求真理。

我曾在静谧的印度收集智慧，

我曾在古老的阿拉伯遍寻遗迹，

---

① 原名雅特里布，是伊斯兰教第二大圣城，后又称圣城，该城位于沙特阿拉伯西
　 部，为内陆高原城市，与麦加、耶路撒冷一起被称为伊斯兰教三大圣地。

② 苏丹西南部的一个城市，也是东达尔富尔州的首府。

③ 古代帝国。兴起于美索不达米亚平原（指两河流域，现为伊拉克境内幼发拉底河
　 和底格里斯河一带），使用的语言有阿卡德语、阿拉米语等。公元前8世纪末，
　 亚述帝国逐步壮大，先后征服了小亚细亚东部、叙利亚、腓尼基、巴勒斯坦、巴
　 比伦尼亚和埃及等地，定都于尼尼微（今伊拉克摩苏尔附近）。在两河流域的
　 古代历史上，亚述人频繁活动的时间约有两千年之久。

我曾聆听世间的一切响动。
而如今，我却已心如死灰。

我曾在独裁者的手中受尽苦楚，
我曾被疯狂的侵略者百般奴役，
我曾在苛政如山的饥荒时代忍辱偷生。
而如今，我的内心仍然拥有力量，在挣扎中迎接新的一天。

我的头脑尽管充实，我的心灵却无比空虚；
我的身体虽然苍老，我的心灵却犹如赤子。
也许，我的心灵会在青春岁月里蓬勃生长，
但我却祈祷老去，以尽快回归上帝的所在。
唯有如此，我的心灵才能得以丰盈而充实！

我生于此处，从未与此地分离，
亦将永留此地，直到末日来临，
因这伤心之人与此地缘分未尽。

在美神的宝座前

一天，我逃离了社会冷漠的面孔和城市无尽的喧嚣，迈着疲惫的步伐来到一条宽敞的小巷中。我追寻着小溪的回声和鸟儿的啼鸣，来到一处绿树成荫的荒凉之所。

我站在原地，向我的灵魂倾诉衷肠——我的灵魂已干渴难耐，将眼前的万物视为虚幻，而非欣欣向荣的生命。

正当我的灵魂神游太虚，头脑陷入沉思之时，一位身披藤萝、头顶花冠的仙女忽然出现在我眼前。她注意到我惊愕的神情，于是连忙对我说："不要怕！我是森林之女。"

我不禁问道："如你这般美丽的仙子怎会居住在此等荒凉之处？请告诉我你是谁，又从哪里来？"她坐在草地上，举止端庄而优雅，不慌不忙地回应道："我是大自然的象征，是你的祖先所敬仰的神女！他们曾为我在巴勒贝克和杰贝尔^①建造神社和庙宇。"我鼓起勇气反驳道："但如今，那些神社和庙宇已成为废墟，我那些祖先的残骸已化作泥土；只有几张被遗忘的书页，依稀纪念着他们昔日的神女。"

她回答说："有些神女因崇拜者的到来而生，因崇拜者的离去而死；而有些神女则拥有永恒而无限的生命。我的生命源自那随处可见的美，那是大自然本身，是山间牧羊人欢乐的源泉，是田野里农民们的笑脸，是山间和平原间部落崇高的乐趣。正是这种美，帮助智者登上真理的宝座。"

我接着说："美是一种可怕的力量！"她反驳道："你们人类畏惧一切，甚至畏惧自身。你们畏惧天堂——精神的和平之源；你们畏惧大自然——宁静的休憩之所；你们畏惧慈悲的上帝，指责祂残暴无情。而实际上，祂对众生充满仁爱和怜悯。"

我顿时哑口无言，不禁浮想联翩。一阵沉默之后，我问道："请

---

① 黎巴嫩古城。又称朱拜勒，古称比布鲁斯，位于地中海岸边，贝鲁特以北30公里，是黎巴嫩山省朱拜勒区首府。早在新石器时代，这座城就已建成。在约7000年的时间里，人类在这座城里安家落户、繁衍生息，因而这座城被称为"世界上延续至今的最古老城市之一"。在《圣经》中，按照腓尼基语，这座城被称为"迦巴勒"。

告诉我，人们根据自身观念而诠释和定义的美到底是何物？为何会被人们千方百计地追捧及崇敬？"

　　她回答说："美是令你为之倾心的魅力。它令你甘愿付出而不求回报。当你邂逅美时，你内心深处的双手会不由自主地伸出，将美放在你的心头。它是大喜若狂，是大巧若拙，是大音希声，是大象无形——它是众神之长，起源于你们心灵深处，消失于你们俗世的臆想之中。"

　　森林之女朝我走近，用她香气袭人的手掌蒙住我的双眼，随后松开。这时，我发现自己独自站在山谷间。于是，我回归到城市之中，竟发觉自己已不再被外界的喧嚣所叨扰。唇齿间，我重复那位神女的话："美是令你为之倾心的魅力。它令你甘愿付出而不求回报。"

情人的呼唤

亲爱的，你在何处？你是否在那片微小的天堂里浇灌鲜花，如同慈祥的母亲哺育自己的婴儿？

你是否在自己的房间里，用自己的心灵和灵魂供奉你引以为傲的美德之壁龛？

你是否在书卷里寻找人类的知识，而你的头脑中充满了上帝的智慧？

哦！我灵魂的伴侣，你在何处？你是否在神庙中祈祷？或是在田野中呼唤大自然，在睡梦中造访心灵的港湾？

你是否在穷人的小屋中，用温柔的灵魂抚慰破碎的心灵，用无尽的财富填满他们粗糙的手掌？

你是无处不在的上帝之魂，是远胜以往的全新时代。

曾记否？那日我们相遇，你灵魂的光环将我们围绕，爱的天使们在空中起舞，歌颂我们的灵魂之爱。

曾记否？我们离群索居，静坐于树荫之下，以铮铮铁骨对抗世间的腥风血雨，捍卫彼此心中神圣的秘密。

曾记否？我们一同走过绿林和小径，十指相扣，耳鬓厮磨，难舍难分。

曾记否？你我在海边告别，你赠我以热烈的一吻。我们的双唇因爱情而靠近，仿佛在诉说天空无以言表的秘密。

那热烈的一吻，引来上帝的叹息，将泥土变成活人。

那声难忘的叹息，引领我进入了精神的世界，宣告我灵魂的荣光；在那里，它将经久不灭，直到我们重逢。

我记得，你曾一遍遍地吻我，任凭眼泪滑过你的脸颊，你说："凡夫俗子注定会因生活所迫而别离。

"而他们的灵魂仍然牢牢结合在爱情的手掌之中，直到死神将他们共同的灵魂带去天国。

"亲爱的，去吧！爱情已选择你成为她的化身；请站立在她的肩膀上，只因这位慷慨的美神，会以甜蜜的生活为奖杯，嘉奖她的追随者。于我空荡荡的双臂而言，你的爱情，将依旧是抚慰我心的新郎；你的记忆，将成为我永恒的婚礼。"

我的另一半，你今又身在何处呢？你是否在寂静的夜晚醒来？让清风为你送去我心的律动和思念吧。

你是否在沿记忆逆流回溯，抚摸我熟悉的脸庞？现在，我已容颜憔悴，那张脸上昔日浮现的微笑，如今已变为淡淡的忧伤。

这见证过你绝美容颜的双眼，如今已泪眼模糊；这抹曾与你甜蜜互吻的嘴唇，如今已干瘪如柴。

亲爱的，你在哪里？你可否听见我在大海对岸的哭声？你可否明白我迫切的渴求？你可否知晓我对爱情的矢志不渝？

空气中的精灵，可否将我生前最后的气息传达于你？天堂的天使，可否将我的怨怼悄悄转告于你？

那颗曾闪现在我生命中的璀璨明星，你在何处？生命将我贸然拥入怀中，悲伤已然悄悄将我征服。

　　将你的微笑送给天堂吧，它会找到我并将我照亮！将你的芬芳赠予空气吧，它将延续我仅存的生命！

　　亲爱的，你在何方？
　　哦，爱情何其伟大！
　　我何其渺小！

茅屋和宫殿

第一部分

夜幕降临，宫殿里灯火辉煌。一群衣着华丽的仆人们站在宫门前，恭候贵客光临。

雄伟的车队驶入宫殿的公园，车上的贵族们雍容华贵，珠光宝气。乐队吹奏起欢快的旋律，政要名流则缓缓起舞。

夜半时分，山珍海味如流水般被摆上雕刻有各种奇花异卉的精致餐桌。宴客们大快朵颐，纵酒寻欢，最后在醉意之中丑态毕露。黎明时分，人群在一阵喧闹声中散去。在度过一个贪婪而迷醉的夜晚之后，他们疲惫的身躯瘫软在松软舒适的床上，不安地睡去。

第二部分

夕阳西下，一名身穿繁重工作服的男子站在自己的小茅屋前轻叩门扉。门开了，他走进屋中，微笑着同家人打招呼，之后坐在于壁炉前玩耍的孩子们中间。不一会儿，他的妻子准备好饭菜，于是他们围着木桌分享晚餐。饭后，他们坐在一盏昏暗的油灯下，谈论起当天的收获。

初更之时，他们起身上床，进入甜蜜的梦乡，唇边轻唱起赞美之歌和感激之词。